才富

21世紀最貴的
資產是人才

喬有乾—著

忌妒心強的人不能委以大任！
目光遠大的人可以共謀大事！
不要奢望可以把所有的優秀人才都能招來，實際一點去把現有人才用好更可行！

想要提高員工的工作效率嗎？

丟掉那些所謂「鐵的紀律」吧！

才富

21 世紀最貴的資產是人才

目錄

才富
21 世紀最貴的資產是人才

第 4 章
讓受訓的人清楚，他們的努力正在為公司提供幫助

第 5 章
讓每一個人都知道，最好的構想即將勝出

才富
21 世紀最貴的資產是人才

前　言

　　在當今這個飛速發展的新經濟時代，企業的競爭實質上就是人才的競爭。一個成功的領導者只有善於匯聚眾人的智慧，把各種各樣的人用好，人盡其才、各盡其能，你和你的企業才可望興旺發達。

　　對此，美國通用總裁韋爾奇說：「你可以拿走我的全部資產，但只要把我的組織人員留下，五年之內我就能把所有失去的財產賺回來。」從他的話中可以看出，在當今爭奪激烈的現代競爭中，誰擁有一流的人才，誰就擁有了成功。

　　以往人們說：「士為知己者死」。現在人們說：「士為知己者創」。人心是一筆無形的財產，是一筆不可忽視的巨大財富，對領導者而言，經營人心才是事業健康持續發展的關鍵。尊重、信任你的員工，和員工和諧相處，就會喚起員工的熱情，刺激人們的積極性和創造性，就能形成強大的向心力和凝聚力，為企業帶來更大的效益。

　　本書從人本管理思想出發，結合大量的企業用人實例，分別從：讓你眼中的千里馬趕快上路；給他們以機會，看他們到底能走多遠；讓員工做他們最想做的，而且得到最想要的；讓受訓的人清楚，他們的努力正在為公司提供幫助；讓每一個人都知道，最好的構想即將勝出；讓幾乎所有的員工都感覺到自己在「飛」；讓招聘而來的優秀人才翩翩起舞等 7 方面論述企業領導和員工和諧相處的重要性。以提醒企業領導者必須高度重視和不斷提高識人的法則、用人的技巧。

　　當你在漫無目的地思考該怎樣提高企業效率時，有沒有考慮過從自身做起，為員工、為整個企業創造一個高效的組織結構呢？這一點，應該存在於每位領導者的心中。

編　者

第1章
讓你眼中的千里馬趕快上路

不要奢望可以把所有的優秀人才都能招來，實際點去把現有人才用好更可行！

—— 柳傳志

1. 具備 3 種基本才能即可重用

　　一個人的精力是有限的，一個企業的最高領導者不可能事必躬親。因此，任用提拔各級各類管理人才是一件必不可少的又至關重要的事務。

　　在選用管理人員時，首先必須重視、考察其是否具備管理者的基本才能，即技術才能、人事才能和統整全域的才能。

1. 技術才能

　　通曉並熟練掌握某種專門的技術，特別是包括一系列方法、程式、工藝和技術等的專門技術。越是低層的管理者，技術才能越重要。對較高層的管理者，並不要求他熟悉掌握各種技術。技術才能一般是通過各種學校訓練出來的。

2. 人事才能

　　是指處理好人與人之間合作共事關係的一種能力。這種能力如下：

● 他總是很注意自己對待別人和集體的態度、看法和信任情況，並瞭解自己這些感覺對工作是否有利；

● 他能容忍和自己不同的觀點、感情和信念，善於理解別人的言行，也善於向他人表達自己的意圖；

● 他致力於創造民主的氣氛，使下屬敢於率直陳言而不擔心受到報復；

● 他能判斷出一般人的需要和動機，能採取必要的措施而避免其不利影響。

這種才能必須實實在在地、始終如一地表現在自己的言行裡，成

為這個人的有機組成部分。

對於不同級別的人的人事才能的要求是不同的：基層管理人員主要能讓自己領導的人員協調一致地工作；中層管理人員則能承上啟下，聲息貫通；高級管理人員應當具有對人事關係的高度敏感性和洞察力。這種才能也和技術才能一樣，越是基層管理人員就越應該具備這種才能。人事才能的培養，單靠學校學習是不行的，還必須在實踐中學習、體會。

3. 統整全域的才能

這種把企業作為一個整體來管理的才能，包括瞭解企業中各種職能的相互關係，懂得一個組織部分的變化將如何影響其他各個部分，進而能看清企業與行業、社會，乃至整個國家的政治、經濟力量之間的相互關係。這是成功決策的必要條件。統整全域的才能不僅極大地影響企業內部各部門之間的有效協作，而且極大影響企業未來的發展方向和特點。

事實證明，一個高級管理者的作風常常對企業的全部活動產生重大影響。這種才能是高層的管理人員最重要的才能，往往決定企業的命運。

由此可見，統整全域的才能在管理過程中是一個統帥全域的因素，具有極其重要的意義。這個才能的獲得，必須靠長期在企業中學習、實踐，並有上級直接進行指導。

總之，這 3 種才能是互相聯繫又互相獨立的，是一個優秀的管理人員必須具備的。

11

2. 三個階段識得「廬山真面目」

作為領導，理智地認識、瞭解你的員工，對每一位員工的特點了然於胸，才有可能做到不出現大的用人失誤。當然，要對每一名員工都很瞭解有點不大可能，但起碼做到對高、中級管理人員非常熟悉。同時領導者還應要求手下的高、中級管理人員對員工多加瞭解。

有一些領導者，有時即使和員工相處了 5、6 年之久，也會突然發覺竟然不曉得對方的真面目，尤其是自己的員工對他的工作有怎樣的想法，或者他究竟想做些什麼，這些恐怕都未必清楚吧！

結婚很久的夫妻，有時也難免彼此不大瞭解，所以如果說一個老闆對他的員工未能做到充分瞭解，實在不是很意外的事。

重要的是，不要忘記提醒自己對員工「毫無所知」，保持這樣一種心態，才能不忘處處觀察員工的言行舉止，這才是瞭解員工的最佳捷徑。

要瞭解員工，可以從初步到高級進行瞭解階段的層次劃分。

第 1 階段：如果領導者自認為已經瞭解員工的話，那麼他只是在初級階段。

瞭解員工的出身、學歷、經驗、家庭環境和背景、興趣、愛好、專長等，是非常重要的。如果領導者連這些都不知道，那麼連初級階段恐怕也難達到。

瞭解員工的真正意義其實是要弄清員工內心所想以及其幹勁、熱誠、正義感等。領導者若能在這些方面與員工產生共鳴，員工就會有「他對我真瞭解」的感覺，到這種境界，才能是瞭解員工。

第 2 階段：當員工遭遇困難時，如果領導者能事先預測他的行動

而給予適當支持的話，這才是更進一步地瞭解了員工。

第 3 階段：作為領導者，要知人善任，使員工能在工作中發揮最大的潛力。給員工足以考驗其能力的艱巨工作，而在其面臨種種困境時，給予適當的指示，引導他順利地渡過難關。

總之，領導者與員工彼此之間要有所認識、瞭解，相互間心靈上的溝通與默契尤為重要。只要領導者對員工能夠理智地加以認識和瞭解及溝通，大多數的員工都能得到很好的使用，從而發揮出積極的作用。

3. 擇賢用能 3 序曲

領導者善於擇賢用能，才能合理而有效地使用人才，才能保證公司持續而穩定地發展下去。

因此，領導著應做到真正做好擇賢用能 3 序曲：

第 1 序曲：因勢用人

古語說：「兵無定勢，水無常形」。作為領導者，要善於分析競爭對手的優劣，瞭解市場定律，員工價值趨向和消費者的需求趨向，內部與外部的條件，權衡利弊得失，確定其最佳用人方式。

戰國軍事家孫子在《勢篇》中講道：「故善戰者，求之於勢，不責於人，故能擇人而任勢。」這句話的意思是說，善於指揮打仗的將帥，他的主導思想應放在依靠、運用、把握和創造有利於自己取勝的形勢上，而不是苛求手下的將吏，因此他就能從全域態勢的發展變化出發，選擇適於擔當重任的人才，從而使自己取得決定全域勝利的主動權。

這是孫子對領導藝術所做的一個高度精闢的概括和論述。深入領略孫子「擇人之勢」的思想，領略其中蘊含的豐富而深刻的內涵和教益，對今天企業的領導者而言十分重要。

按孫子的思想，求勢的根本出發點是「取勢」，即在充分利用把握勢態的發展變化中，以勢釀勢，實現克敵制勝的戰略目的。而要能夠「取勢」，則必須先做到「識勢」。所謂「識勢」有兩層內涵：

一方面是對形勢的發展和趨向變化，要有超前認識的目光和判斷能力。

另一方面，是對自己是否具有取勢的條件和實力（主要是是否擁有可以委任並能擔當重任的核心能力人才），要有清楚的認識。不能「識之於勢」，也難以「取之於勢」，因此，「識勢」是「求勢」的前提條件。

然而，一個領導者他雖有「識勢」的戰略遠見，身邊也有能夠擔當重任的人才，但他如果不能充分利用，最後還會落入「失勢」的慘敗境地。這也是在今天的市場競爭中，企業經營勝敗的一個關鍵問題。

由此可見，在對形勢的利用和把握中，「任勢」（擇人而任）又是決定事業成敗的關鍵因素。因為擇人任勢基本上不僅展現了不同人才的能量只有當其價值得到充分的尊重，並處在最適合於充分發揮的位置時，才能產生出最大創造能量的用人法則。

第 2 序曲：因時用人

用人中發現人才、識別人才、招募人才都是手段，使用他、發揮他的作用才是目的。只能發現、招募人才，不會使用等於沒有人才；使用中不能用人任時、適時用才，那是浪費人才、誤用人才。用人任時、適時用才強調的是時間、時機。用人的時機要恰當，正逢其時，用早了不行，發揮不了作用，會耽誤；用晚了也不行，機會稍縱即逝，時過境遷，已無挽回的餘地。

到底如何才算是用人任時，看看歷史留給我們的答案。

第二次世界大戰是人類歷史上的最殘酷的一次戰爭，戰爭鍛鍊了一批名將，這批名將有許多是通過統帥部適時用才而湧現的。

巴頓，二次大戰爆發時已 54 歲了，戰前一直在戰車訓練中心工作，戰爭爆發才出任裝甲旅旅長，他對坦克有濃厚的興趣，精心鑽研，大膽探索，雖參加幾次戰役，但並不出名。機會終於來了，1942 年 2 月，德軍將領隆美爾在北非戰場發動反攻，美軍第二軍

15

一敗塗地，倒退 50 英里。在這緊要關頭，艾森豪適時調巴頓出山，巴頓所到之處，敵人無不望風披靡。

當時，在巴頓指揮下，美第二軍每戰必勝，士氣大振，巴頓率第七軍率先攻入西西里島的麥西納；盟軍諾曼地登陸，又是他率第七軍衝在最前面。在解放法國的戰鬥中，他以驚人的膽量命令部隊：「以儘快的速度，向一切可以推進的方向前進！」巴頓的部隊似乎已失去了統一指揮，無法協同作戰，可是卻取得驚人的戰果，德軍紛紛向單獨作戰的美軍坦克中隊棄械投降。1945 年 3 月 22 日巴頓率部隊抵達萊茵河。他自己年年晉級，1945 年時已是上將。

第 3 序曲：因人用人

一個卓越的領導者，不需要在各方面都是才能超群，但必須具備超群的選人與用人的才能。

世界上沒有性格完全相同的人。不同性格、性情的人適宜做不同的工作。用人者必須把握手下人各自不同的性格特徵，來全面衡量一個人的才能，因人而異，量才而用。

(1) 不懂裝懂者。不懂裝懂的人，生活中不乏其人，尤其以成年之後為甚，完全是因為愛面子、怕人嘲笑的緣故。有一種不懂裝懂者是可怕的，他會因不懂裝懂，給企業帶來許多損失，尤其是技術上的。還有一類不懂裝懂者，是為了迎合討好某人，這種情況，有的是違心而為，在那種特殊場合下不得不如此，有的則是拍馬屁，一味奉承。

(2) 鸚鵡學舌者。自己沒有什麼獨到見解和思想，但善於吸收別人的精華，轉過身來就對其他人宣揚，也不說這是聽來的。不知情者，自然會把他當高人來看待。這種性質，說嚴重一點，是剽竊，因不負法律責任（如果以文字的形式出現，例

如論文、書刊，則性質比言論要重得多），因而會大行其道。這種人沒什麼實際才能，但模仿能力強，未嘗不是其強項，也可加以利用。

(3)　避實就虛者。這一類人多少有一點才能，但總嫌不夠，用一些旁門左道的辦法坐到了某個職位上去。當面對實質性的挑戰時，例如現場提問，現場辦公，因無力應付，就很圓滑地採用避實就虛的技巧處理。按理說，這也是一門本事。這種人當副手不會有大礙，但以小心為前提，否則他會悄悄地捅出一個無法彌補的大婁子來。

(4)　華而不實者。這種人口齒伶俐，能說會道，口若懸河，滔滔不絕，一開始接觸，很容易給人留下良好印象，並當作一個知識豐富、又善於表達的人看待。但是，須要分辨他是不是華而不實。華而不實的，善於談話，而且能將許多時髦理論掛在嘴上，迷惑許多辨識力差、知識不豐富的人。

(5)　固執己見者。這種人對任何事都不肯服輸，不論有理無理都一個樣。這種理不直卻氣很壯的人，生活中處處可見。對待他們一個較好的辦法是敬而禮之，不予爭論。如果事關重大，必須說服他，才能使正確的政策方針得以實施。首先應分析他是哪一類人。本來賢明而一時糊塗的，以理說之，並據理力爭，堅持到底；私心太重而執迷不悟的，則用迂迴曲折之道，半探半究地講到他心裡去；若是個糊塗蟲，不可理喻，頑固不化的，就動用權利強迫他。

(6)　貌似博學者。這種人多少有一些才華，也懂一些其他各門各類的知識，泛泛而談，也還有些道理，似乎是博學多才的人。但是，如果是博而不精、博雜不純，未免有欺人耳目之嫌。

貌似博學者大多是青少年時讀了一些書，興趣愛好都還廣泛，但是因為小聰明，或者是未得名師指點，或者是學習條件與環境的限制，終未能更上一層樓，去學習更精專、更廣博的東西。待學習的黃金年齡一過，雖然有精專的願望，但是已力不從心，最終學識停留在少年時代的高峰水準上，不能再進一步。即使有這樣那樣的深造環境，由於意志力的薄弱，也只得到一些新知識的皮毛。這種人承受命運的悲劇，尚可諒解。如果是以貌似多學而招搖撞騙，則不足為論了。

因勢、因時以及因人用人的三個脈搏，要靠領導者自己去揣摩，只有真正瞭解和把握問題的關鍵，才能做到真正意義上的因勢、因時及因人用人。

4. 用人適才適所，方能放射光芒

這裡的適才適所，是指要把適當的人才安排到最能發揮他才能的適當的工作崗位上去，實現人與事的最佳配合。一個人只有處在最能發揮其才能的崗位上，他才有可能做得最好，把自己的能力全部發揮和貢獻出來。

「適才適所」是用人藝術的具體內容，主要有以下幾個方面。

1. 用才，必須發揮其專長

適才適所的用才藝術，其首要內容就是發揮專長，根據人才的某一專長來安排其合適的工作崗位。

在競爭愈來愈激烈的當今社會，使用人才講求適才適所的藝術，具有越來越重要的意義。人才資源總是有限的，每個單位所擁有的人才更加有限，因此，充分地發揮每個人的優點和才智，而不是埋沒才智，是時代的要求。無論是行政領導者，還是企業領導者，都應該學會適才適所這一用人藝術，使有限人才的智慧都放射出它的光芒。

適才適所的用才藝術，要求把人才安排到真正能發揮其才能的工作崗位上。在尊重知識、尊重人才的今天，很多單位的領導者將一些成就突出的科技人員提拔為行政領導者。這樣做有其合理的一面，因為，這些科技人員都有專長、懂業務，但是，不能絕對化，有的科技人員，從事科學研究是專業人員，但行政管理，卻是外行生手，這樣的科技人員就不能選拔到行政崗位上來。

2. 用才，不可輕視其「偏長」

適才適所的用人藝術的第 2 個方面的內容，就是使用「偏長」，

即把擁有偏長的人才使用到最適合於他的工作崗位上去。所謂偏長，就是指某人在某一個方面所具有的某種特長。具有這種偏長的人，算不上傑出的人才，甚至還算不上一般的人才。但是，發揮這樣人的偏長，也是高明的領導者所注重的用才之道。

3. 用才，也要注重其氣質和興趣

適才適所的用人藝術，第 3 個方面的內容是，在安排人才的工作崗位時，要注意人才的各種條件、氣質與興趣。即是說，不僅要考慮人才的專長、偏長，而且還要考慮他們的氣質類型和興趣特徵。

(1) 氣質方面。心理學家將人的氣質分為膽汁質、多血質、黏液質、抑鬱質四種類型。不同氣質的人對工作崗位的適應性不同，例如，精力旺盛、動作敏捷、性情急躁的膽汁質人才，適於安置在開創性的工作崗位或技術性強的工作崗位上；性情活躍、動作靈敏、善於交際的多血質人才，適於安置在行政科室或多變、多樣化的工作崗位上；安靜、穩重、忍耐自製、動作遲緩的黏液質人才，適於安置在需要條理性、冷靜和持久性的工作崗位上；性情孤僻、優柔寡斷、心細敏感的抑鬱質人才，適於安置在需要細緻、謹慎的工作崗位上。實際上，大多數人是 4 種氣質類型的混合體，這裡所談的只是有所側重而已。

(2) 興趣方面。俗話說，興趣和愛好是最好的老師。因為當興趣導向活動時，可變為動機；當興趣產生時，能使人的注意力高度集中，能激勵人的工作熱情；廣泛而穩定的興趣，能使人眼界開闊、想像力豐富、思路敏捷、創造性增強；興趣往往又是人具有某種能力的標誌。具有某方面能力的人，一般來說對某方面的事情感興趣。領導者在使用人才的時候，既

要強調符合專業,但又不能絕對化,還要考慮到他的興趣。

5. 用人要大膽，方式要靈活

　　領導者用人要有膽量，做到求才若渴，視野開闊，廣泛察人、選人、用人，不拘一格，千變萬化，因人而用。

　　而事實上，拘於一格，不敢大膽用人、靈活用人的領導者並不少見。他們的做法，往往使得人才無法突顯出來、無法盡其所能，間接地使公司失去生機，失去競爭力。

　　因此，要想避免失敗，避免成為減低工作效率的負責人，領導者必須放棄保守的觀念，大膽用人、靈活用人、不拘一格地用人。

　　① 用人的原則，應該從一個人壯年精力旺盛的時候就使用他。如果拘泥於資格，那麼一個人往往要到昏亂糊塗的老年才會得到重用；

　　② 人才從來都是培養而成的，對他們應當放手使用，使他們有施展才能的空間，戰風斗雨；

　　③ 辦事情是否成功完全在於任用人才，而任用人才全在於衝破原有的格局；

　　④ 對立下大功的人不要尋求細小的毛病，對忠心耿耿的人不要找細微的過錯；

　　⑤ 提升的快慢，不要僅憑一個依據，如果他的才能可以任用，就要不限資歷，越級提拔。

　　高明的領導者尤其要善於使用出色的人才。有人說，「人才源於膽量」，是有一定道理的。假如大膽任用下屬，可能就會使之成為人才；反之，就會抹滅一個人才的出現。

　　用人的成功，在很大程度上取決於領導者是否樹立了鼓勵嶄露頭

角的良好風氣。最先脫穎而出的出色人才，最終能得到什麼樣的結局，這是形成一個人人爭當先進的良性競爭的局面的關鍵。

具體的方法可採用：

1. 及時起用，不可拖延

及時起用成績突出的出色人才，把他們儘快提拔到關鍵性的工作崗位上來，成為既定事實，使熱衷於造謠中傷的小人的陰謀落空，自討沒趣，只得偃旗息鼓，草草收兵。

2. 大膽使用，不可畏怯

有膽識的領導者應該意識到，人才最需要得到領導者的有力支援，有正義感的領導者要及時對人才以最有力的鼓勵和支持，選擇一個適當的場合，向全體人員宣傳人才的作用。

3. 鼓勵使用，避免塌陷

對於少數躲在人群裡散佈流言蜚語的人，領導者只要一經發現，就應該不留情面，立即對他進行嚴肅地批評教育，迫使他及時終止對先進人物的詆毀行為。

4. 獎勵使用，避免混雜

在精神上和物質上給人才以適當的鼓勵，不僅有利於鼓舞少數人才的鬥志，激勵他們更快地成長，而且也在公眾面前樹立起一個具有說服力和示範作用的榜樣。

作為領導者，要做到不拘一格使用人才，關鍵是要領導者衝破陳舊觀念與條條框框，融入現代「寓雜多於統一」的最高用人原則，絕對不要排除異己、唯親是用，而應該以公司利益為重，因事設人，因才而用。

6・二流人才要學會一流用法

　　二流人才並非指那些不努力，工作態度很差的人。而是指一些在學歷、技能、年齡、政治條件等方面相對存在劣勢的人，如學歷較低；年齡大一些，45 歲以上的人；動作慢一點、腦袋不靈活一點、工作技能不如心靈手巧者的人；公司不愛用的女職員等等。

　　每個單位都有一些條件較差的員工，領導者千萬別把他們當累贅，要學會將「二流人才一流使用」，才是關鍵。只要把他們放在適當的崗位，他們就是人才，就能為公司創造利益。

　　美國有些大公司已放棄了「盡可能用最好的人員」的原則，奉行「找到那些素質低的人，發掘他們的能力即可」的原則。每個公司都有大量簡單熟練的工作、髒又累的工作，即使現代化的企業也如此。安排條件差的人去幹，他們會全力以赴專心致志地工作，他們具有高昂的士氣，能創造出很高的工作效率，而不會有自卑感，沮喪感，不會感到大材小用。因為，他們有「自知之明」，期望值並不高。

　　從一定意義上講，任何單位都離不開二流人才，全是高學歷、高素質人員組成的公司人才結構，未必是最佳結構。如果有人想，何必那麼麻煩，乾脆把他們全部解除合約，改用優秀人才多好。實際上這樣效果並不好，較優秀人才不一定能做好那些工作。例如你需要一名文書員，每日向電腦輸入各種資料做市場分析，把這份工作交給一位清華大學畢業的軟體工程師，不需要多長時間，他就會感到工作單調乏味。失去了工作興趣，自然就會出差錯。可如果你交給一位高職五專畢業的人來做，她會非常熱愛這份工作的，會高興得向同學們炫耀

在鋪著地毯的微機房工作是多麼愜意。

最後，再把這個問題延伸一下，公司無疑是需要大批精英俊傑的。可是雇用太多的高級工程技術人員、管理人員對公司並不利。因為與他們地位相稱的職位很少，一旦沒有合適的職位，他們一定會不滿意的。因此領導者一開始就要考慮，切莫用太多資歷深、學歷高的人員。不管怎樣，二流人才也有可用之處。

7. 聽聽先賢們的 8 大用人建議

在你的公司中，是不是有許多看似可有可無的人，沒他們，所有的工作都可以照常進行。如果存在這種情況，作為長官，就應該想想他們的優點。他們可能原來是有優點的，只是現在不見了，缺點都露了出來，而且工作總是不順暢，和別人也不是很協調。如果真是這樣，那領導就應該想到，問題是否出在領導身上，是否是領導沒有把他們的優點利用起來。

日本富士公司自 1988 年起實施一種「向新事業挑戰」的計畫，以「你就是總經理」為廣告標題，在公司內公開徵集事業計畫方案。經審核可行的，公司出資 90%，提案者出資 10%，成立新公司，且由提案人任總經理。這家公司的「富士系統顧問公司」、「機械製造公司」就是在這樣的背景下成立的。

用人要成功而有效，這是每個領導者都想做到的。在這方面，古代先賢的言論對我們仍然很有借鑑意義。下面選取幾則有現實意義、值得借鑑的介紹給大家：

1. 忌妒心強的人不能委以大任

一般的人，難免都會忌妒別人，這也是一種正常的表現，因為有時候這種忌妒可以直接轉化為前進的動力，所以不能說忌妒就一定是消極的。但是如果忌妒心太強了，就容易產生怨恨，覺得他人是自己前進的最大障礙，到了這種地步，往往就會做出一些偏激的事情來，因此忌妒心太強的人不能委以重任。

2. 目光遠大的人可以共謀大事

如果領導者本身是目光遠大的人，對自己的公司發展有一個明確的定位，並且需要助手，那麼這種人反而是很好的選擇，因為這類人最適合於被領導者指揮運用，以發揮他的優點。

而一個能共謀大事的合作者則往往能在某些重大問題上提出較有成效的看法，這樣的人是領導者的「宰相」和「謀士」，而不僅僅是助手。

3. 瞻前顧後的人能擔重任

瞻前顧後的人往往思考比較縝密，能居安思危，能考慮到可能發生的各種情況和結果，而且很明白自己的所作所為；這種人往往也很有責任感，會自我反省，善於總結各種經驗教訓，他的工作一般是越做越好，因為他總能看到每一次工作中的不足，以便於日後改進。如此精益求精，成績自然突出。

雖然有時候這類人會表現得優柔寡斷，但這正是一種負責任的表現，所以作為一個領導者，大可放心地把一些重任交給他。

4. 性格急躁的人不可親近

這種人往往受不了挫折，常常會因為一些細小的失敗而暴跳如雷，自怨自艾。這樣的人做事往往毫無計畫，貿然採取行動，等到事情失敗又怨天尤人，從不去想失敗的原因，也很少能夠成功。如果領導者遇到這樣的人，那麼就該遠離他，以免受到他的牽累而給自己帶來不利。

5. 不可以重用偏激的人

過猶不及，太過偏激的人往往缺乏理智，容易衝動，也就容易把

事情搞砸。這正如太偏食的人過於挑食，身體就不會健康一樣，想法如果過於偏激，就不會成大事。他總是使事情走向某一個極端，等到受阻或失敗，又走向另一個極端，這樣永遠也到達不了最佳狀態。

　　反之，如果滿腦子考慮的都是瑣碎的事實，那麼最後會被淹沒在現實的海洋裡而不能自拔，陷入迷茫之中，所以凡是要成大事，都要把二者結合起來，才能取得最佳效果。

6. 對大智若愚的人要有耐心

　　有的人有些小聰明，往往能想出一些小點子把事情點綴得更完美，這類人看上去思維敏捷，反應靈敏，也的確討人喜歡；但是也有另一些人，表面上看並不聰明，甚至有點傻的樣子，卻往往能大器晚成。

　　對於這類大智若愚的人，領導者一定要有足夠的耐心和信心，絕不能由於他一時的無為而冷落甚至遺棄他，因為這類人往往能預測未來，注重追求長遠的利益。既然是長遠的利益，也就不是一朝一夕所能達到的。信任他並給予重任，而不能讓這類寶貴的人才流失。

7. 輕易許諾的人並不可靠

　　如果一個人對事情輕易就斷定沒有任何問題，這至少表明他對這件事看得還不夠深入。這種草率作風是極不牢靠的一種表現。如果讓他來做一些重大的事情，那得到的也只能是一些失望的結果，所以這種人不可輕易相信他，否則失敗的只能是你自己。

　　不輕易許諾的人，正是由於他的責任心，使他作了全面而系統的考慮，他才不會輕易許諾，這樣的人才是可靠的，不要因為他們沒有承諾而不委以重任，只要給予充分的信任，激起他們的積極性，事情多半就會成功。

8. 說話很少但很有分量的人可以重用

　　口若懸河、滔滔不絕的人未必就是能擔當大任的人，而且這種人常常沒有什麼真實才能，他們只能通過口頭的表演來取信別人，抬高自己。

　　真正有能力的人，只講一些必要的言語，而且一開口就常常切中問題的要害，這種人往往謹慎小心，沒有草率的作風，觀察問題也比較深入細緻，客觀全面，做出的決定也實際可靠，獲得的成果也就實實在在。

　　所以，領導者應該注意一些少言寡語的人，因為他們的聲音往往最有參考價值。

8. 五步連環實施人員晉升與配備決策

做出有效的人員晉升與人員配備的決策應遵循以下步驟：

第 1 步：考慮清楚任用的核心問題

任用之前，首先應搞清楚任用的原因和目標，其次才是物色合適人選的問題。

當面臨著一項挑選一個新的地區行銷經理的任務時，負責此工作的管理者，應首先搞清楚這項任用的核心：要錄用並培訓新的行銷員，是因為現在的行銷員都已接近退休年齡？還是因為公司雖在老行業做得不錯，但一直還沒有滲透到正在發展的新市場，因而打算開闢新的市場？或是因為，大量的銷售收入都來自多年如常的老產品，而現在要為公司的新產品打開一個市場？根據這些不同的任用目標，就需要不同類型的人。

職位應該是客觀的，職位應根據任務而定，而不應該因人而定。因此，凡是能建立第一流經營體制的管理者，對他們最直接的同事及部屬，都不應該該太親密。提拔人才時應以有能力的人為先，而不能憑自己的好惡，所以應著眼於所用之人能有績效，而不在於所用之人是否肯順從己意。

第 2 步：初訂一定數目的待選者

這裡的關鍵是「一定數目」。正式的合格者是考慮物件中的極少數，如果沒有一定數目的考慮物件，那選擇的範圍就小，確定適宜的人選難度就大。要做出有效的用人決策，管理者至少應著眼於 3-5 名合格的候選人。

第 3 步：以尋找待選人的優點為出發點

如果一個管理者已經研究過任用，他就明白一個新的人員，最需要集中精力做什麼。核心的問題不是「各個候選人能做什麼？不能做什麼？」而應是「每個人所擁有的優點是什麼？這些優點是否適合於這項任用？」

有效的管理者能使人發揮他的專長。他懂得用人不能以其弱點為基礎。要想取得成果，就需用人之所長——他人之所長、上級之所長及自我之所長。每個人的優點，才是他們自己真正的機會。發揮人的優點，才是組織的唯一目的。須知任何人都必定有很多弱點，而弱點幾乎是不可能改變的。但我們卻可以設法使弱點不發生作用。

管理者的任務，就在於運用每一個人的優點。有效的管理者選人任事和升遷，往往都以一個人能做些什麼為基礎。所以，他的用人決策在於如何發揮人的優點。

美國的鋼鐵工業之父卡內基的墓碑上的碑文說得最精闢：「一位知道選用比他本人能力更強的人來為他工作的人，安息於此。」

當然，卡內基先生所用的人之所以能力都比他本人強，乃是由於卡內基能夠看到他們的優點，將他們的優點運用於工作。他們只是在某一方面有才能，而適於某項特定的工作。

一個有效的管理者並非以尋找侯選人的缺點為出發點。你不可能將績效建立於缺點之上，而只能建立於候選人的優點之上。許多求賢若渴的管理者都知道，他們所需要的是勝任的能力。

第 4 步：把廣泛的討論作為選拔程式中一個正式的步驟

一位管理者的獨自判斷，是毫無價值的。因為我們每個人都會有第一印象，有偏見，有親疏好惡，我們需要傾聽別人的看法。在許多成功的企業裡，這種廣泛的討論都作為選拔程式中一個正式的步驟。

能幹的管理者則非正式地從事這項工作。

第 5 步：任用人應清楚職位

被任用人在新的職位上工作了一段時間後，應將精力集中到職位的更高要求上。管理者有責任把他召來，對他說：「你當地區行銷經理已有 6 個月了。為了使自己在新的職位上取得成功，你必須做些什麼呢？好好考慮一下吧，一個禮拜或 10 天後再來見我，並將你的計畫、打算以書面形式交給我。」並指出他可能已經做錯了什麼。

如果你沒有做這一步，就不要埋怨被任用的人成績不佳，應該責怪你自己，因為你自己沒盡到一個管理者應盡的責任。

9. 你能通過自身魅力招募人才嗎

在自由選擇的條件下，領導在物色人才的同時也在被人才所物色。不僅領導者要考慮人才能否發揮作用，人才也要考慮領導的素質如何、有無魅力，與他一道工作將是否有所作為，然後才能決定去留。

作為一個領導者，要想得到優秀的人才，必須首先提高自身的素質。作好本職工作，創造一個為發揮人才作用的良好環境，才能吸引有所作為的人才與之共同奮鬥。所以，在領導活動的實踐中，人們能常把通過自身魅力將人才吸引到自己身邊的做法稱之為魅力吸引法。

那麼，領導者自身魅力的具體內容有哪些呢？

其一、道德高尚

由於領導者大都掌握一定權力，所以要耍一耍權威大概沒什麼困難，但是一般來說，單憑權力只能吸附那些趨炎附勢之徒，而廣大賢才並不買帳，賢才對那些只憑權力的領導雖然也能夠服從，但對領導個人卻總是敬而遠之的。

他們對於領導，固然不能無視他手中的權力，但是更看重其思想和人格，因此，只有那些本身道德高尚，有較高聲望的領導者，才能成為眾望所歸的幹部，大家才願意跟著他拚事業。

其二、心胸寬廣

胸中天地寬，常有度人船。作為領導者大度容人，首先要容人小過，容人小短。水至清則無魚，人至察則無徒，對於他人的小過，需要有點糊塗，寬小過，總大綱，嚴行律己，寬以待人，這些都是值得記取的經驗之談。

　　另外，領導者大度容人，還要善於容納異己。容人的要害之處在於容異，就是能容納與自己有不同意見的人，領導者只有做到對人寬宏大度，容人以德，才能感人肺腑，令人尊重，也才能吸引大批賢才。

其三、學識淵博

　　領導者的魅力不是領導權力帶來的，而是憑其本身學識才能贏得的，沒有學識才能，有了權力也不會產生多大的魅力，一個領導者只有具備所管業務的具體知識和領導工作的學識才能，才能贏得人們的信任和擁戴，賢才才有可能被你所吸引。

其四、禮賢下士

　　所謂禮賢下士，意為降低身份，敬重現任，延攬群士，我國歷史上有許多尊賢思才，禮賢下士的逸事掌故，至今仍被人們傳為美談佳話。

　　事實證明，只要領導者放下架子，增強自身素質，求才若渴，尊重知識，尊重人才，在實踐中樹立禮賢下士的形象，你就會吸引大批人才。

10. 該提升時就提升

　　領導在用人時，就要使工作出色的人能夠適時得到提拔，滿足人才的心理需要，並且讓他感覺到上司對他的信任，讓他不斷攀升臺階。必須十分注意保證臺階的時效性。

　　有研究指出，每個人在某個崗位上，都有一個是最佳狀態時期。有的學者研究提出了人的能力飽和曲線問題，身為領導，要經常加強「臺階考察」，研究下屬在能力飽和曲線上已經發展到哪個位置了。一方面，對在現有「臺階」上已經鍛煉成熟的幹部，要讓他們承擔難度更大的工作或及時提拔到上級「臺階」上來。為他們提供新的「用武之地」。對一些特別優秀的幹部，要採取「小步快跑」和破格提拔的形式使他們施展才能。

　　另一方面，對經過一段時間的實踐證明，不適應現有「臺階」鍛煉的幹部要及時調整到下一級「臺階」上去「補課」，如果在「臺階」問題上，魚目混珠，良莠不齊，在時間上搞「平均主義」，一定會埋沒甚至摧殘人才。如果該升職的沒有升職，不該升職的卻升職了，「轉眼間，不該升職的卻升了職，我本來該升職的，卻只能夢裡跳『加官』」，那就更糟了。只要在臺階問題上堅持實事求是，按照人才成長的規律辦事，就一定能夠造就一批又一批企業需要的優秀人才。

　　日本企業界權威富山芳雄曾經親身感受過這樣一件事。

　　　　日本某設備工業公司材料部門有位名叫 P 君的優秀股長，因為精明能幹，科長便交給他很多工作，而股長自己還有許多其他工作，諸如同其他部門合作，自動自發地建立原單位的管理系統等。P 君工作積極、人品好，深受周圍同事的好評。富山芳雄也認為他

是很有前途的。

但是，10 年之後，當富山芳雄再次到這家公司時，竟發現 P 君判若兩人。原以為 P 君已升任經理了，誰知才是個小科長，而且離開了生產指揮系統的第一線，只充當一個材料部門的有職無權的空頭科長，沒有正經的工作，也無部下。此時的 P 君，給人的是一副厭世者的形象。

對這一情況，富山芳雄感到很詫異。他經過調查瞭解，才明白事情的真情，原來 10 年之間，他的上司換了 3 任。最初的科長，因為 P 君的精明能幹，且是個靠得住的人物，絲毫就沒有讓他調動的想法。第二任科長在走馬上任時，人事部門曾經提出調動提升 P 君的建議，然而，新任科長不同意馬上調走他，經過 3 個月的考慮，他怒氣沖沖地告訴人事部門，P 君是工作主力，如果把他調走，勢必要給自己的工作帶來最大的威脅，因此造成工作的損失他是不負責的，甚至提出挑釁的問題：「是不是人事部門要替我的工作負責？」這樣，每任科長都不肯放他走，P 君只好長期被迫做同樣的工作，升職只能不了了之，最初似乎沒有什麼想不通的，做得不錯。

然而，隨著時間的推移，他逐漸變得主觀、傲慢、固執，根本聽不見他人意見和見解，加之他對工作瞭若指掌，於是對部下的意見也不肯聽，可以說完全是在發號施令，獨斷專行、盛氣凌人，不可一世。結果，使得部下誰也不願意在他身邊長久的做下去，陸續提出要求想調走。而上司卻認為，他雖然工作內行，堪稱專家，然而卻不適合擔任更高一級的職務。從而使他變得越來越固執，以致工作出了問題，最終被調離了第一線的指揮系統。

由此可見，總讓下屬原地踏步是不可取的，應對那些能幹的下屬

積極給以信任，如果對他們總是半信半疑，不放心，給他的感覺是你不信任他，懷疑他的能力，他是肯定不會盡心盡力去工作的。

11. 大膽啟用新人

　　新進人員，尤其是年輕人，他們在新的環境中野心勃勃，有一展身手的慾望。領導者如果能充分利用這一點，挖掘新人的潛力，則其前景輝煌。

1. 年輕人潛力無窮

　　松下曾極力主張「實力勝於資力」、「讓年輕人任高職」。松下之所以提出這樣的主張，有其生理的、社會的理論依據。

　　松下認為，一個人，30 歲時是體力的頂峰時期，智力則在 40 歲時最高。過了這個階段，智力、體力就會下降，慢慢地走下坡路。儘管也有例外，但大部分的情況如此。因此，職位、責任，都應與此相呼應，這才是合乎規律的。

　　閱歷、經驗，當然是年長者多一些，但這並不等於「實力」。松下提出的「實力」概念，是很有意味的。他認為，有實力，不僅要能知，而且更要能行，知行合一，才是實力的象徵。

　　年長的人也許能知，但往往力不從心，未必能行。相比較來說，還是三、四十歲的人更具實力。有實力的人，當然應委以重任。然而，一個大公司由於有各種各樣的職位，其中一些還是頗適合年齡大的人的。但面對困難時的攻堅、衝刺，就非年輕人不可了。松下認為，國家遇到困難，公司遇到困境時，要靠年輕人的力量才能突破難關。其原因，正是因年輕人更具備潛力。

　　同樣，創新也是離不開年輕人的，這是與人在各年齡段的生活觀念具有高度相關的。人的眼光也有年齡的區別，年輕人向前看，中年

人四周看，老年人回頭看。因此，老年人易於保守，給他們創新的任務顯然是不適合的，這項使命應該交給年輕人。

但是，根深蒂固的東方傳統文化，並不輕易容許年輕人脫穎而出。松下深知此點，因此，他有一個緩衝的辦法，那就是經常聽取年輕人的意見，親自向他們詢問。如果年輕人直接把自己的意見說出來，即使正確並富有建設性，也會因為人微言輕而不被採納；但如果公司領導徵求他們的意見，用經營者自己的口說出來，份量就大不一樣，這就是巧妙的領導藝術了。松下很看重和欣賞這種技巧，他認為年長的企業領導，應該吸取年輕人的智慧，巧妙地推進工作。

松下對數千年形成的東方民族「重年資」傳統的弊端看得很清楚。

在一次會議上，他語重心長地告誡手下的部屬們：「現在年輕的幹部，過 10 年 20 年就會老了，那時候不管你的地位是社長還是會長，論實力都比不上 40 來歲有才能的人，假如由他們來代替你們的職位，就更能促進公司的發展。但日本的情勢、人心向背，各種因素錯綜複雜，這一設想未必能順利進行。但是，千萬要記住，如果可以替換的話，對公司的發展是有益的。」

2. 以愛心迎接新夥伴

以愛心伸出嚴厲和溫暖的手，迎接新夥伴，一起加入工作行列。

好的開始是成功的一半。以往松下電器公司非常賣力，所以得到社會很好的評價。別人一定覺得他們的職員都很拼命，事實上，也不過是基於選是去非的原則，平靜穩定地去做應該做的事，並不是以賺錢為目的。

松下常常考慮到人的價值和國家、同業的繁榮發展，這些考慮，成了他們工作最大的推動力，才能致力工作。這種精神得到同行業和全公司的同意，因此從外表看來並不很積極。

但是，他們仍要將這種精神，充分地傳達給每一位新進人員，讓他們有一顆溫暖、體諒的心。因為要特別注重新進人員的訓練和指導，因為他們的成長會帶動公司的進步。迎接新進人員，公司的每一個單位都會產生新鮮的風氣。先賢的人也會想起自己剛進公司時的情形，心情一轉，又產生一股衝動。所以說，這個時期是公司發展最難得的機會。

這種做法雖然有利，但也有不利的一面。因為不管多麼優秀的人才，剛從學校畢業，第一次工作，一點兒經驗也沒有，完全靠前輩的指導，才能慢慢進入工作狀態。

這時候，前輩為了指導他，被占去很多時間，自己的工作效率也會受到很大的影響。本來新進人員的工作效率就很低，前輩的工作效率，也因提攜後輩而受影響；整個公司的效率如何，就可想而知了。

當然，等這一批新進人員發展起來了，能自立了，公司的實力就會大增，這是可以期待的。可是在過渡時期，也有認識平均效率會減低的必要，尤其在今天這種困難的局面，大家都拼命想堅守崗位。

3. 新老員工同心協力

大家在一個組織中一起做事情，最重要的是同心協力、團結一致。由 50 個人組成很團結的團體，比 100 個人聚集的烏合之眾，力量要來得大、要有成就，相信大家都不會否認的。戰爭中，也不一定人數多的那一邊會勝利。儘管擁有大兵，但如果是一群烏鴉，怎麼能打勝仗？團結就是力量，有了團結，勝利才會向你招手。

一個公司的上下能不能團結一致，同心協力向目標努力，是企業成功與失敗的關鍵。然而，這種團結，是人愈少的時候愈容易做到；人數越多，意見紛亂，要團結也較困難。假定團體的每一個人的修養都很好，協調性也很高，那麼要他們團結的話可能沒有問題；否則，

人數越多，越難團結。

　　由此看來，新進人員來了，人數增加了，要團結一致，就比以前困難。再加上新進人員缺乏經驗，完全依仗前輩指導，而使整個公司的工作效率普遍下降，無形中也對團體產生了一種阻力，公司的體質就更加衰弱了。新進人員的加入，不但會造成平均實力的降低，也會使公司全體的團結實力降低。新進人員越多，這種情形就越顯著。當然，實力的降低，隨新進人員的成長會慢慢恢復；到了新進人員能獨立作業的時候，實力也會增加了。這一段成長期是時間可以解決的。

　　不過，在迎接新進人員的時候，就要有最壞的打算，要在平均實力、團結實力都降低的情形下進行工作。有了這種心理準備，應該要求新進人員做些什麼？怎樣指導？答案自然就出來了。

　　為了使剛踏入社會的年輕人有美好的未來，做前輩的千萬要積極團結新來的員工。

4. 不能把資歷與能力劃上等號

　　我們提出人才要年輕化，克服不論才能只看資格、不問品德只看輩分的「論資排輩」的思想和做法。資歷反映了人們的實踐經驗，但也不是絕對的。不能把資歷同能力、水準劃等號，更不能按資歷深淺決定職位的高低。年輕化也不是絕對的，年齡只是表面現象，有沒有真才實料才是真的。有許多人是大器晚成，到了中、老年才成才。

　　有人對 1500 年到 1960 年全世界 1249 名傑出科學家和 1228 項重大科技研發的成果作了統計，發現發明的最佳年齡是 25 歲到 45 歲。也有人統計了 301 位諾貝爾獎金獲得者，其中大約 40% 的人是在 35-45 歲獲得的。而且還有大量事實證明中年起步成才也不晚，前蘇聯的一位農村婦女叫做古謝娃，40 歲才開始接受教育，73 歲當了博士。

才富
21 世紀最貴的資產是人才

　　麥當勞速食從 1970 年起進入法國，速食店和銷售額以驚人的速度增加，平均每半個月就新開設一家速食店。隨著速食店的不斷增加，需要聘用大量的管理人才。法國麥當勞公司人才部主任喬治·布朗說：「我們在招聘人才方面不拘一格，所有的人才都能在本公司找到合適的位置。」

　　他們招聘的人員既有大量的初出茅廬或剛跨出校門的年輕人，也有在其他地方工作過、具有一定經驗的中年人。所有履歷考核全部通過的求職者，要在門市裡進行實地實習，讓他們熟悉未來的工作環境，讓他們看一看工作環境是否與自己的願望一致，經過 3 天實習後，雙方再第二次見面，確定是否錄用。

　　一個年輕的畢業生必須先當 4 至 6 個月的實習助理，以熟悉各部門的業務，從結帳櫃台到各個崗位。然後升為二級助理，之後是一級助理，也就是經理的左右手。從進入麥當勞，平均經過 2 至 3 年，可成為速食店經理，他們認為，對麥當勞公司來說，文憑僅僅是「潛力的外表」。麥當勞公司的口號是：「能力掌握在自己的手中」，文憑很快就會失去作用。

　　能否敢於大膽啟用新人，是領導的思維與能力問題，每一位渴求人才的管理者都應認真對此進行思索。

12. 發現優秀員工的 9 個方法

　　要想發現優秀員工，就需要懂得和掌握一定的方法，這對於領導者來說是非常重要的，下面我們介紹 9 個較為實用的培養、發現優秀員工的方法。見下表（1-1）

條件創造法	1. 員工顯示才能需要條件	領導者應敢於挺身而出，伸張正氣，打擊歪風，採取多種手段，努力在本公司創造一種人人奮進、個個爭先的良好條件。
	2. 創造一個機會均等的條件	領導者下大力氣創造一個機會均等的工作環境，是促進好員工成長的關鍵。
	3. 為好員工自薦創造條件	• 自薦可以更加引起公司的注意和重視。 • 自薦可以通過自我介紹使人更加瞭解其真實才能。 • 通過自薦而被聘用者，其自信心和責任心更強，因為聘用是對其自薦的信任，是對其才能的肯定，因而更容易激起其自尊心。
甄別比較法	1. 橫向比較和縱向比較	• 橫向比較，就是從空間上去看一個人與另一個人的區別，在左右的對比中鑒別優秀。 • 縱向比較，是從時間上去看一個人的變化，在前後的對比中認識優劣。
甄別比較法	2. 長短比較和思維比較	• 長短比較，是指對一個人既要看優點，又要看缺點，通過優點與缺點的比較，看哪是主流，哪是起主導作用的因素。 • 思維比較，是把一個人與其他人的思維方式進行比較，以確定其所適合的工作崗位。

才富
21 世紀最貴的資產是人才

實踐接觸法	1. 直接考察的 3 種方式	• 面試識人。 • 談話識人。 • 親自調查。
	2. 短期試用和實際模擬	• 短期試用就是派被考察者去完成一項任務或代理一定的職務，從實踐中檢驗他的德才。 • 實際模擬也叫情境模擬，它是指將識別物件置於一個類比的工作情境之中，運用多種評價技術，觀測觀察候選員工的工作能力，從而決定該員工是否適合某項工作。
回饋探知法	1. 直接回饋探知	• 直接回饋探知是指領導者對被考察員工直接輸入一定的資訊，根據資訊回饋情況來分析判斷其德才表現。
	2. 間接回饋探知	• 間接回饋探知是指領導者對被考察員工以外的人輸入一定的資訊，根據資訊回饋情況來判斷被考察者的德才表現。
資訊篩選法	1. 先識別錯誤資訊	領導者在用人中聽到謠言後，一是應該有清醒的頭腦和客觀的判斷，二是要及時地給予批評和揭穿，不能因輕信謠言而埋沒人才。
	2. 篩選出正確資訊	作為領導者，要能從眾多的議論中「過濾」出正確的結論，如果大家議論得對，就應當改正，如果議論得不對，就要排除干擾，大膽任用優秀員工。
心理測試法	1. 成績測試（略）	由於成績測試，人們都非常熟悉，便不再贅述。

心理測試法	2. 智力測試	A 組題主要測知覺辨別力、圖形比較、圖形想像力； B 組題主要測類同、比較及圖形組合等能力； C 組題主要測比較、推理及圖形組合等能力； D 組題主要測系列關係與圖形套合能力； E 組題主要測套合與互換等抽象推理能力。
	3. 能力測試	• 動作測試法 • 注意測試法。 • 記憶測試法。 • 聯想測試法。
	4. 創造測試	該測驗共有 14 個測試，前 10 個屬於語音測試，即： ①詞語流暢；②觀念流暢；③聯想流暢；④表達流暢；⑤多種用途；⑥解釋比喻；⑦效用測驗；⑧故事命題；⑨結果推斷；⑩職業象徵。 後 4 個屬於圖形測試，即： ①略圖；②組成圖像；③火柴問題；④裝飾。
	5. 人格測試	• 自陳量表法。如 我對目前的工作還算滿意。 大部分情況下，我得強迫自己工作。 • 投射法。投射法是給受測者若干含義模糊不確定的刺激材料（通常是墨蹟圖或其他隱晦畫片），要求受測者對這些材料加以描述說明，使其在不知不覺中將自己的人格投射在其中。主試者對這些描述說明進行人格分析，便可確定受測者的人格特徵和傾向。

才富

21 世紀最貴的資產是人才

全面透視法	1. 多角度透視和多態勢透視	多態勢透視是把考察物件放在相對靜止的狀態下考察之後，還要放在動態中加以考察。
	2. 多層次透視和多側面透視	要想全面地考察一個人，既要看他的正面，又要看他與周圍事物的聯繫。
小中見大法	1. 從生活細節上識人	領導者可以從員工的一個動作、一種習性中窺視其本質，辨識好員工。
小中見大法	2. 從個人愛好上識人	通過瞭解員工喜歡讀什麼書，通過觀察他的朋友圈等方法識人。
言語分析法	1. 言語分析識人的 3 種方法	• 直接交談法。 • 廣泛傾聽。 • 委託傳輸法。
	2. 以言語分析、考察操守	它沒有明顯的是非界限，需要有較高的判斷力才能辨析出來。
	3. 以言語分析考察才能學識	言語談吐可以反映一個人的才能學識，這是被許多實踐所證明了的真理。

第 2 章

給他們以機會，看他們到底能走多遠

你不可能事事親力親為。領導的關鍵在於不斷創造機會，假如你不給他們機會去試一試，你就永遠不會知道他們能走多遠。

—— 李嘉誠

1. 授權是培養員工能力的有效方法

● 為什麼授權如此重要？

● 為什麼要努力提高授權技巧？

● 授權有什麼好處？

這些問題提得都很有道理。好的授權要耗費時間和精力，但為什麼還要去掌握呢？顯而易見，授權的益處之一是節省時間。這並不矛盾。

作為管理者，有很多事需要你去把握和處理，你總會覺得時間不夠用，很多事不能及時去做，但如果你能把一部分工作分配給別人，那麼時間上的壓力會減輕不少。但如果你只是把工作丟給其他人，卻無周全的計畫和準備工作，那你的授權嘗試就會失敗，並且你必須收拾殘局。

在這種情況下，你反而使自己的時間壓力劇增，而不是減輕。因此，在授權一項活動或任務時，最重要的是制訂計劃和充分準備。一般來說，擔任的管理職位越高，你花在具體事務上的時間越少。取而代之，你要花更多的時間去「計畫」，成功的授權可以節省你親自做具體事務的那部分時間，使你更好地為組織貢獻你的力量。

一般來講，在一個組織中，作出決定和執行任務應當由盡可能低級別的職員去完成。這對組織順利有效地運作是切實可行和必不可少的。

一位文具供應公司的員工，如果能夠決定訂哪種裁紙刀，並知道如何下訂單，那這個員工不必上司介入就完全可以獨立完成工作任務。他的上司就可以解放出來，把精力投入到重要的決策和任

務中去。

如果員工完全能處理一項任務，你就不應該再在這上面花費時間；如若不然，既浪費時間，又無法給他人提供發展的機會，而且會削弱整個組織的力量。作為管理者，你的職責是培養你的員工，幫助他們建立信心，而不是讓他們受挫。

所以，你應該學會授權，這樣可以培養和鍛煉員工的能力，而培養員工應該是每個管理者的基本職責。如果培養員工不是一個組織最基本的信念和行為，那麼這個組織就無法長久地生存下去。管理者應該有一位一授權就能馬上接受任務的員工。如果沒有，就要培訓出這樣的員工。授權就是培養員工能力最有力、最有效的方法之一。因為，授權為員工們提供學習及成長的機會。正確使用授權技巧還能激勵他們的進取心，使他們獲得工作的滿足感。

如果員工們認為你為他們的成長提供機會，他們可能會被激起鬥志，全身心投入到工作中去。他們認為，你確實對他們的事業發展感興趣，而不是只顧你自己。他們會格外努力地去成功地完成你授權的任務。這對員工和你來說都是非常有益的。

2. 給合適的員工以合適的地位

管理學專家查斯特·巴馬德曾經說過：「改善地位的願望，尤其是保護地位的願望似乎是一般責任感的基礎。」地位是一個人在群體中所處的等級位置，是一個人的名聲、榮譽以及他人對他的認可程度的總和的標誌。

自從人類文明出現以來，在群體內部的地位差別從來就受到明顯的關注。只要人們相聚成群，地位的區別就往往會加大，因為它使人們能夠確認群體成員的不同特性和能力。

微軟做了一些在鄙視官僚主義的高科技公司裡相對普遍的事情，他們在技術部門建立了正規的升遷制度，以滿足優秀人才的升遷需要。其實，微軟公司早就認識到利用升遷這一辦法對於留住熟練的技術人員是很重要的。

正如微軟公司的高級管理人員普爾斯所說：「我們非常清楚地意識到雙重職業的概念，當一個傢伙想做經理時，他也能像一個願意當經理、當高層的人那樣發展升遷。」

微軟既想讓人們在部門內部升遷以產生激勵作用，也想在不同的職能部門之間建立某種聯繫。它通過在每個專業裡設立「技術級別」來達到這個目的。這個級別用數字表示不同的職能部門。剛開始時是大學生剛畢業時的 9 級或 10 級，一直到 13、14、15 級。這些級別既反映了人們在公司的表現和基本技能，也反映了他們的經驗閱歷。升遷要通過高級管理者的層層審批，並且與報酬直接連動。

1983-1984 年微軟還建立起晉級制度，這種制度能幫助經理招聘開發員工並建立與之相匹配的工資方案。當微軟建立起其他的專業部

門時，每一個領域都建立起了類似的晉級制度。

在企業中，地位反映了相對於員工的其他成員的等級。如果人們對自己所處的地位感到強烈的不滿，便體驗到地位焦慮。對大多數人來說，喪失已有的地位（有時又叫丟面子或地位剝奪）是一件很嚴重的事情。所以人們會很認真地維護並發展自己已有的地位。

地位對人如此重要，因此，很多人都會通過努力工作來爭得地位。如果能把這種努力與實現組織目標的行為聯繫起來，員工就會被極大地激勵起來而發揮出自己的最大潛能。

因此，作為領導者，首先要考慮下屬的利益追求，並努力通過一些制度把下屬的利益納入到公司的整體利益當中來，這是企業走向成功的重要因素。

3. 擁有得力助手會成倍提高工作效率

作為一個領導者，擁有一個得力的助手，會為你排憂解難，擋駕護身，加倍地提高工作效率，因此，領導者對這樣的助手應給予最大的支援和尊重。

對此，領導者應做到：

第一，放權。

正職要分給副手或助手兩個方面的權力：一是協助正職考慮全面工作的權力；二是主管工作方面的權力。真正使副手有職、有責、有權，有權有威，有權有勢，讓他對他的下屬說了算。讓他自己覺得手中的權力不是假的，不是虛的，位子也不是多餘的，不是空的。

正職要使自己的副手說話理直氣壯，辦事敢作敢為。如果正職把權力都攬在自己手裡，緊緊握住不放，什麼都自己說了算，那麼副手就無法邁開步，走不動路，沒有積極性。到頭來，副手就會失去工作積極性，懶散怠惰。

第二，放手。

放權是放手的一種表現，但不等於放手，放手就是讓副手獨立思考、獨立工作、獨立解決矛盾。正職不插手，不干擾，充分依賴和依靠副手。

第三，放心。

放手是放心的一種表現，但不完全等於放心。有的正職對副手總是放心不下。

副手真的認真負責、大膽工作、敢作敢為時，有的正職就怕捅婁子，惹是非，於是乎想方設法潑冷水，不斷干預。這樣會使副手左右為難，進亦憂，退亦憂。

正職不要事無巨細，樣樣不撒手。放手讓副手幹工作，不要把一些無足輕重的事情看得太重要，不要怕副手失敗。只有對副手放心，才會真正放手、放權。

第四，給予最大的支持。

放權、放手、放心是對副手的支持，但它不能代替在具體工作中對副手的支持。

在具體工作中有困難要幫；遇有緊急情況和重大問題來不及請示報告要諒解；若有人告副手的狀不要聽風就是雨，要為副手撐腰；對副手決定問題、處理的事情，只要不是原則問題，不要輕易否定，需要改正的也要通過引導，讓其發自內心做出決定。

正職要明白，副手在為正職負責，在為正職行使權力，正職應維護副手的威信，樹立副手的權威。這就要求正職有寬廣的胸懷，成人之美的品格。

第五，互相依靠。

副手是正職的左右手，親密戰友。正職要處處依靠副手出主意、想辦法、出成果、出經驗，依靠副手克服困難，共渡難關。

有的正職不善於使用副手，孤軍奮戰；有的冷落副手，到別處去尋求他需要的助手。這是不正常的，是不知心的表現。只有知己才能依靠。正副之間要推心置腹，心心相印，情同手足，這樣才能團結互助，把事情做好。

第六，幫他攬過。

每個人在工作中都會出現這樣那樣的失誤。正職要為副手創造寬鬆和諧的局面，允許副手出錯，幫他挑起擔子，承擔責任，一起總結失敗的經驗教訓。不能有了成績是自己，出了錯就把責任推給副手，久之，關係就會緊張。

一般來講，人有了過失時，心情最不好，一般人要出現失意、消沉、內疚的情緒。這時需要的不是責備、訓斥、抱怨，更不是嘲諷、挖苦，而是關心、體貼、理解、諒解和安慰。

正職要幫助副手巧妙地把挫折轉化為一個新的起點，去獲得新的成功。攬過不僅給副手以信心和寬慰，還可以讓群眾看出正副手之間的緊密團結，並防止別有用心的人尋找縫隙。

第七，平衡關係。

正職要注意平衡、協調副手與副手之間的關係。一些公司副手較多，各自分攤、各自管理、各有特點。他們的工作相互作用，共為一體。

這裡說的平衡，就是正職對副手要一視同仁，不要親此疏彼，關係的距離要相等，不能厚此薄彼，要及時解決他們之間的矛盾，協調關係。

4. 業績不應該是職位晉升的唯一標準

眾所周知，職位晉升對企業選擇人才、激勵員工具有重要作用。然而，現在許多企業實行的職位晉升制度，是由領導根據員工業績大小擇優升職的選拔方式，存在著許多缺陷。這種方式在設計思想上忽略管理工作的獨特性，犧牲了組織效率。

它是基於如下假設實現的：一個人在目前崗位上成績突出，就一定能在更高崗位上有所成就。

但是，職位晉升意味著管理層次的提升，而管理工作不同於一般技術性工作，不同層次管理者處理問題重點不同，對其技能要求也不同。

例如說：

● 高層管理者主要任務是，謀求對企業最有利的競爭地位以實現經營目標，要求其具有根據內外資訊確定企業發展方向和發展戰略等具有全域意義的大政方針的能力；

● 中層管理者是上下級之間資訊聯絡的橋樑，工作重點是人際溝通，與上級溝通以明確其工作意圖，與同級溝通以利協作，與下級溝通以提高其積極性，順利完成任務；

● 基層管理者主要完成具體工作，對員工進行指導、控制並保證工作品質，因而須具備相關專業知識與技能。

可見，現行晉升制度是選出操作技能最優的人去從事需要很強人際交往能力的工作，而又選出最擅長溝通的人去完成決策的任務。這種做法，實質上是將職位晉升作為對業績突出者價值的肯定與認可，而對工作的根本目標，即為高職位配備可有所成就的合格人才方面，

並無多大實際意義。

　　而這一方式的另一假設是，根據可測成果選拔人才，對晉升者及其他員工都是公平的。其實，這是以表面的公平為代價，造成了事實上的不公平，犧牲了企業效率。從晉升者來講，從熟知的、最能發揮特長的崗位，調到一個較陌生的工作中會到處遇到障礙卻可能無力解決的崗位，這究竟是獎還是罰呢？而獎勵有多種形式，為優秀者提供良好工作條件，促使其有良好職業發展前景可能是最好的獎勵。如果給科技專家一個大的科技研究項目，往往比給他一個脫離其本行的行政職位所產出的效益要大得多。

　　從這一點看，這一方式或者說制度的直接後果是，在其他方面有能力的人被提拔到不能正常發揮其能力的崗位，而這方面的合格者卻因為在與自己能力不匹配的工作中未取得好的成就而被排斥在外。每個人都沒能得到自己合適的位置，最終結果是使企業整體上處於管理混亂、效率低下狀態。這是得不償失的。

　　另外，從實際操作效果看，這一制度還造成管理者為爭奪少數的職位，在工作中產生管理行為短期化和本位化的結果。例如，注重部門短期成果，忽視長遠發展；部門之間缺乏相互溝通與配合的協作精神，只考慮部門內部利益而忽略整體效益。

　　所以，基於以上所述，對員工的提升不應該僅以業績為唯一標準，而應根據員工所長給予其合適的職位。這樣才能更好地調動員工的積極性，使其對工作有滿足感而得享自尊。

5. 對員工賞罰要有根據

領導者只有合理地賞與罰，才能更好的統御部下、使用人才。賞罰分明得當，是領導者有效領導的根本原則。

古語有不賞私勞，不罰私怨。意思是不獎賞對私人利益有功的人，不懲罰對自己有成見有隔閡的人。美國可口可樂公司聞名全球，其產品在國際市場上長盛不衰。該公司總裁韋恩·卡洛韋在談到他如何取得這一成績時，他肯定地回答只有一個字：人。韋恩·卡洛韋對他屬下的550 名管理人員的情況大多數瞭若指掌。他用自己 40% 的時間去研究人的問題。

他堅持優勝劣汰的用人原則，親自制訂了各類人員能力標準，每年至少一次與他的屬下共同評價他們的工作。如果一個屬下不夠標準，韋恩·卡洛韋會給他一段時間學習提高，並觀察改善的成效；如果已達到標準，第二年就會習慣性地提高要求。

經過評估，公司的管理人員被分為 4 類：

第 1 類，最優秀者將得到晉升；

第 2 類，可以晉升，但目前尚不能安排；

第 3 類，需要在現有的崗位上多工作一段時間，或者需要接受專門培訓；

第 4 類，最差者將被淘汰。

羅傑·昂利克是該公司全球飲料部的經理，他與超級歌星麥可·傑克森簽訂費用為 500 萬美元的廣告合約時，可以不必請示上司，只要在事後打個電話告訴韋恩·卡洛韋就可以了，這也是他鼓勵管理人員快速、獨立地自己作出決定的結果。

　　現實生活中的許多當權者，在這個問題上往往處理不好。領導者要正確地用人，真正調動部下的積極性，必須做到按功行賞，論過處罰。

　　這樣做至少有 3 點好處：

　　一是，為部下提供了一個公平競爭的環境。

　　既然功過是非是決定任何一個人的升降榮辱的唯一準則，那麼，大家就盡心盡力地工作，以爭取獎賞，避免懲罰。

　　二是，可以避免人為的矛盾。

　　如果不堅持功獎過罰，部下難免會有疏離的感覺，而部下一旦產生這種情緒，相互之間的隔閡矛盾便會隨之而生。只有唯功是獎，唯過是罰，部下感到領導一視同仁，矛盾自然消失。

　　三是，可以調動大多數人的積極性。

　　無論賞還是罰，只有得當，才能起到激勵作用，如果沒有原則，不僅沒有受到賞罰的人心裡不服，即使受罰者也不以為然。

　　因此，在賞罰上不能搞平均主義，不能吃「大鍋飯」，必須堅持功過分明。無功受祿，罰不當罪，對於領導者有效領導都是不利的。

6. 盡力給人才提供發展平臺

當今世界，人才是企業競爭的核心和根本。為此，重視人才就應該從招聘開始。

美國寶潔公司自己發展了一套衡量應聘者領導及解決問題的能力測試，面試過程具有目的性，並採取行為導向。應聘者過去的經歷及成就將被檢驗，並找出下述能力的證明：領導、解決問題、優先順序設定、主動性、事後追蹤和團隊合作的能力等。

高級經理將提出招聘的結果，而相關改善方案也會持續地評估以後的招聘過程。

第一，堅持 100% 的內部提升。

寶潔公司堅持 100% 的內部提升政策。內部提升可以培養長久性的員工。既然未來的管理層來自內部提升，公司必須聘用最好的人才，並協助他們發展到最佳狀態。

寶潔公司經理認識到自己的績效與發展下屬能力息息相關，所以協助下屬成功是他們的職責。這是通過「工作和發展策劃系統」來進行的，用於員工的提升、定薪和員工發展。每個員工的「工作和發展策劃系統」都有 4 個部分：前 1 年計畫與結果相比；需要進一步成長和發展的領域；近期和長期的職業興趣；下 1 年培訓和發展計畫。

在寶潔公司，發展下屬潛能被認為是一件嚴肅的事情，而且是每個指導者的重要工作之一。

第二，每個員工都是領導者。

寶潔在鼓勵員工積極扮演領導者角色方面提供了很好的氛圍。

前任寶潔總裁認為：「別讓員工感到被過度管理，應該將責任與決策下放到組織基層。」管理層提出需求，如縮短新產品上市時間，提高服務品質，積極開展多元化，並全權交給一線員工負責，由每個團隊分工合作。

鼓勵員工勇於擔任領導者角色並不是所有經理可以對事業漠不關心。實際上，寶潔的經理花費許多時間深入事業的核心。例如，公司的高級經理需要經常到研發部門、生產部門視察討論並與消費者交談。

第三，完善的培訓系統。

寶潔認為，在職訓練是最好的訓練。寶潔將每天的經營活動視為學習和培訓的源泉。

每個部門都有自己的訓練課程，例如，品牌部門針對不同管理層級設計不同的課程和研討會。另外，寶潔的員工可以在全球找到課程和研討會的目錄，他們只要向上級諮詢並確認課程對個人發展是必要的，即可登記上課。

> 寶潔公司於 1992 年成立了寶潔學院，其宗旨在於將公司高級經理的經驗及理念傳授給其他年輕的員工，學院的教授來自公司的高級管理層，每年大約有 4000 名員工在寶潔學院接受培訓。

第四，員工是最大財富。

寶潔公司在提高員工福利方面有悠久的歷史。早在 19 世紀 80 年代，寶潔首創了一週五天工作日及利潤分享制，震驚了美國產業界，激勵員工提高效率來抵銷福利的成本。

1998 年 5 月，寶潔首創了全體員工享有員工認股選擇權——不限

於管理層。這樣員工與公司的利益緊密相關，員工效率會自發提高並
對寶潔公司實現長期目標提供保障。

7. 授權是領導者的一種義務

作為一個領導者，要想成功授權，就應先計畫好時間，以免將來浪費時間。或者說：與其以後你不斷抱怨，不如現在你將它們解釋清楚。

你必須在授權會議開始前認真考慮整個授權過程。也要清楚瞭解：如果員工被授權做這件事，他們需要得到什麼支援、資源甚至權力，同時應預測員工們會遇到什麼樣的問題和困難。

一旦你準備召開授權會議，請參考以下所列的 5 個步驟。

第 1 步：陳述清楚目標

這需要授權者清楚地向被授權員工表達你要求達到的目標，只有在有清晰的目標時你才開始行動。當你明確這些目標後，將它們寫下來，用少於 20 個字將專案目標陳述清楚，包括可衡量的成績標準。

如果你覺得寫不下來，就重新分析這個授權，將它最小化和具體化。定期地讓自己和員工反覆重溫這些目標。如果它是一個很小的任務，簡單複查一兩次就足夠了。但一個為期 6 個月的專案可能會需要每個月都進行複查，以確保這些目標仍然切實可行。

第 2 步：設定可行的時間表

如果被授權員工認為無法按期完成任務，在允許的情況下，你應和他一起制訂更可行的時間表。

允許員工制訂他們自己的時間表比他們被動行使被授予的權力要好。如果被授權的人能夠自行決定任務的時間安排，將使他們對面臨的任務有更強的使命感。但是，有時候確實需要你來指定完成期限。

要確保授權員工明白該項工作中有哪些任務應該優先處理，也要讓他們明白不是你授權的每一件工作都必須優先處理。

當然，明確期限是必要的，要避免像「任何時候你完成都行」和「那就下個月的某個時候吧」之類的表述。一定要建立一些彙報程式，以使自己能夠監督工作進程。

另外，還要建立必要的複查機制，這樣做可以給被授權者一個關注日程中其他任務的機會。對於一個簡單的任務，一兩次複查就足夠了。複雜任務則要求舉行有具體議程的例會，以及制訂整體任務進程中各分步的期限。告訴被授權者，如果沒有充分的理由，所有的檢查時間和最後完成時間是不能變更的。

第 3 步：授予必要的權力

無論你何時分配工作，你都應該給員工執行工作的足夠權力，應讓每一個被授權員工瞭解你賦予了他權力，盡可能將你的員工介紹給與任務相關的人士，包括上司、同事和支持人員。你應明確被授權員工現在有足夠的權力來完成這項任務，並且讓他知道你期待他能夠解決工作中的所有困難。

第 4 步：明確責任

將一項任務完整地授權能夠提高被授權者的興趣和成就感。在每個授權中讓自己對員工們充滿信心。如果對某個員工沒信心你就不應該授權給他。

明確被授權者對任務所負的責任有助於兩件事：

一是讓員工知道這已經是他們自己的事了，他們須對工作結果負責；

二是他們的工作形成了一種正面的壓力和動力。

因此，授權時你應強調被授權員工可自由地作出與工作相關的決定。

第 5 步：授權任務必須被徹底接受

被授權員工必須明確承諾接受分配的任務並將為之努力，你需要的不是被強加的接受。你同時需要他們對所設目標和完成期限的接受。或許你最好與被授權者一起將目標和期限紀錄下來。

作為管理者，當你流覽了一個授權會議中所需要做的一切之後，你會明白為什麼人們要花時間來認真面對它。

當授權完畢，你應該確信，被授權員工應明白以下幾點：

● 任務目標；

● 完成期限；

● 實施任務的權力；

● 所負的責任；

● 任務結果的驗收方法。

如果你只是很隨便地授權或發布一項任務，就等於告訴被授權者這項任務不是那麼重要，即使事實上很重要；相反，如果你認真嚴肅地舉行了一個授權會議，你就給員工們傳遞了一個資訊：這項任務對我們很重要。被授權者因此可能會給你肯定的回饋，並且十分認真負責地來把它做好。

第 3 章
讓員工做他們最想做的，
而且得到最想要的

多給員工以信任、以重任、以尊重，總之多讓他們做最想做的，而且得到最想要的，才是老闆的核心管理任務。

—— 肯·勞埃德

1. 努力提高員工自信心

　　企業管理者一定要重視員工自信心的培養，使員工幹勁十足。這樣，企業的工作效率才能大大提高，創造出更多價值。

　　第一，讓員工懂得自尊、自愛。

　　一個真正愛自己，尊重自己的人，才能夠從他的這種愛中獲得足夠的靈感，從而將這份美好的情感波及到他周圍與之相處的人。

　　如果員工不能自尊、自愛，其他的人又怎麼能夠尊重他、愛他呢？長期如此，在別人鄙夷輕視的目光中，這樣的員工肯定會喪失信心，與同事的關係處理不好，與領導的關係很僵，什麼工作都做得不好，態度也十分懶散。這樣的員工不僅不會發揮他應有的作用，甚至還會起到破壞的作用，使企業的工作無法進行下去，這種人會抱定一種想法：「你們都不看重我，認為我什麼都做不好，那我就不讓你們做好。」

　　一個懂得自尊自愛的員工，能夠處理好各種關係，能夠贏得同事的尊重，即使他在工作中出現了許多錯誤，但是他虛心向同事請教，接受上司及同事的批評，表現出心胸豁達的一面，贏得了別人的尊重與喜愛。努力改正了自己的缺點，工作中再也沒有出現失誤，不久便獲得了升遷的機會，他對工作更有信心了。

　　管理者應該幫助員工樹立自信心，提高他們的自信心。這裡面就有一個很重要的問題，即如果員工自己認識不到信心的重要性，那麼管理者費盡口舌也是於事無補。

　　企業管理者必須從內部因素入手，讓員工自尊自愛，讓他們在潛移默化中樹立起自信心，首先要做的就是做好員工培訓，規範工作，

貫徹企業的規章制度，讓員工贏得其他員工的尊重與認同，讓員工的工作及能力得到肯定，這樣就可以進一步幫助他們樹立信心。

第二，讓員工感到自己的重要性。

員工都會希望得到領導對他們工作的認可。千萬別讓員工成為被人遺忘的角落。作為管理者，不應該當有這種想法：他是我的員工，應該是要做事，我找他來是工作的，不是來聽我奉承的。自我的成長要在一個能夠受到關注與承認的氛圍中得以實現。

作為管理者，如果想讓員工充分發揮其潛能，必須讓員工感覺到他是企業不可缺少的一分子，如果企業管理者不能重視每一個員工，讓員工覺得自己沒被重視，在這個團隊裡可有可無，沒有發揮自己才能的地方，那麼，員工便不會把工作當作自己的事業去奮鬥，企業也就難以形成強大的凝聚力、競爭力。

那麼，企業管理者怎樣才能讓員工感覺到自己的重要性呢？有三點：

● 一是喊出員工的名字；

● 二是有事情多讓員工參與；

● 三是給員工一個擁抱。

1. 記住員工的名字

使員工覺得他們重要的最有效的方法，就是將員工的名字清晰地記住，以便在適當的時機叫出員工的名字。

千萬不要小看這個方法所產生的效應，特別是在一些大的公司或企業，一個經理記住了下屬員工的名字，對員工來說就能帶給他們心理上的滿足與精神上的激勵。

2. 有事情多讓員工參與

優秀的企業管理者總是將這樣一個概念深植人心：組織的事就是大家的事。

儘管員工在組織重大問題決策的過程中發揮的作用不大，但讓每一個員工都參與進來，特別是在與他們利益有所關聯的事情上和他們多商量，聽取員工對制度、每項措施的意見和建議，會讓他們產生一種積極的歸屬感與主人公的責任心。

責任感的形成對自信心的樹立起到了推波助瀾的作用，也使員工更加明確自己在組織中所處的位置，更加珍視自己辛勤的勞動與業績的取得。

3. 給員工一個深情的擁抱

自信心的取得是在一個人經歷磨難並且戰勝它後才得以實現的。而讓員工產生戰勝工作中的困難而做出一番業績的勇氣與讓這些最終變為自己的自信是需要透過管理者情感的投入。

不妨就給員工一個深情的擁抱，然後重重拍拍他們的肩頭並加上一句「你一定能做好的！」、「我相信你一定行的！」

這樣做會讓你的員工有優良的表現，做出連他們自己都無法相信的業績。進行感情的溝通與交流，可以拉近管理者與員工之間的關係。但是感情的表達不能太做作，要讓員工感覺到你的真誠，這樣才不會起到相反的作用。

感情的溝通方式也因人而異，作為企業管理者必須瞭解自己的員工的性格、愛好，否則也不會收到好的效果，表達感情要把握分寸，不然也會適得其反。

2. 給員工實際上想要的東西

　　作為一個公司或企業的領導，你想過沒有：你的員工為何會聚集在你的周圍，聽你指揮，為你效勞？俗話說：「澆樹要澆根，帶人要帶心」。領導者必須摸清楚下屬的內心願望和需求，並予以適當的滿足，才可能讓眾人追隨你。

　　以下是專家的分析，將大多數員工的共同需求總結出來，領導者對此要諳熟於心。

1. 業績與報酬一致

　　大多數員工都希望他們的工作能得到公平的酬勞，即：同樣的工作得同樣的報酬。員工不滿的是別人做類似或相同的工作，卻拿更多的錢。他們希望自己的收入符合正常的水平。偏離準則是令人惱怒的，很可能引起員工的不滿。

2. 得到認可和承認

　　員工希望自己在同事的眼裡顯得很重要。他們希望自己的出色工作能得到承認。鼓勵幾句、拍拍肩膀或增加工資都能有助於滿足這種需要。

3. 提供晉升的機會

　　多數員工都希望在工作中有晉升的機會。向前發展是至關重要的，沒有前途的工作會使員工產生不滿，最終可能導致辭職。

　　除了有提升機會外，員工還希望工作有保障，對於身為一家之主並有沉重的家庭負擔的員工來說，情況更是這樣。

4. 工作環境舒適

許多員工把這一點排在許多要素的前列。員工大都希望有一個安全、清潔和舒適的工作環境。

但是，如果員工們對工作不感興趣，那麼舒適的工作場所也無濟於事。當然，不同的工作對各個不同的員工有不同的吸引力。一樣東西對這個人來說是黃金，對另一個人可能是毒藥。因此，你應該認真負責地為你的員工選擇和安排工作。

5. 被組織這個「大家庭」所接受

員工會謀求社會的承認和同事的認可。如果得不到這些，他們的士氣就可能低落，使工作效率降低。員工們不僅需要感到自己歸屬於員工群體，而且還需要感到自己歸屬於公司這個整體，是公司整體的一部分。

所有的員工都希望公司賞識他們，甚至需要他們一起來討論工作，討論可能出現的變動或某種新的工作方法，不是通過小道消息而是直接從領導那裡得到這樣的資訊，將有助於使員工感到他們是公司整體的一部分。

6. 領導要有一定的能力

所有的員工都需要信賴他們的領導，他們願意為那些瞭解他們的職責、能作出正確決策和行為公正無私的人工作，而不希望碰上一個「窩囊廢」來當他們的領導。

不同的員工對這些需要和願望的偏好都有所不同。作為領導人，你應該認識到這類的人需要，認識到員工對這類需要有不同的偏好。對一位員工來說，晉升的機會或許最為重要，而對另一位來說，工作保障可能是第一重要的。

　　鑑別個人的需要對你來說並非是件容易的事。所以要警覺到這一點，員工嘴上說想要什麼，與他們實際上想要什麼可能是兩回事。例如，他們可能聲稱對工資不滿意，但他們真正的需要卻是得到其他員工的承認。為了維持良好的人際關係，你應該瞭解這些需要，並盡可能去創造能滿足員工的大部分需要的條件。

　　為此而努力的領導會與他的員工相處得很好，使得上下一心，有效地、協調一致地進行工作。

3. 增加與員工交流的機會

　　一般來講，人與人之間需要經常交換訊息，互相交流，才能保持良好的關係。作為管理者，你若想與員工們建立起良好的人際關係，調解彼此工作間的摩擦，在部門內創造一個良好的大家庭氛圍，就必須增加與員工交流的機會，這也是管理者關心員工的具體表現。

　　多和他們接觸，就可以瞭解他們的喜怒哀樂，他們的所思、所為、所急，這對於有效地開展工作是十分必要的。

　　可以採取下面的做法：

1. 定期舉辦健身活動

　　員工之間若能經常打幾場籃球對抗賽、排球對抗賽，不僅有益於身心的健康，還有利於彼此間協作精神的培養。而管理者參與其中的比賽，更能提高員工的士氣。

　　管理者可以趁此機會瞭解一下員工的興趣愛好，與他們交流一下彼此間對待輸贏的想法、對待朋友的態度，從側面去瞭解他們。

2. 經常對員工問寒問暖

　　「什麼時候當爸爸，小朋友的日常用品都準備好了吧？」若是你的員工能聽到你的這一番問候，心裡一定是暖洋洋的。每個當爸爸的人心裡一定都非常自豪，恨不得向天下的人昭告自己即將當爸爸一事。若是能聽到自己的上司對這件事的詢問，員工心裡一定萬分感激，這樣就會增強你們的關係，使其更樂意為公司效力。

3. 記住員工的生日

在他們生日那天，以你自己的名義或是你部門的名義給他們寄去一張生日賀卡，送上一束鮮花，或是為他舉辦一次小型的生日宴會，其效果必定非常好。

4. 節假日舉辦部門內的晚會

俗話說：每逢佳節倍思親。在重大的節假日，若是你能親自組織並參與一場部門內自編自演的晚會，定會讓你與員工們有更多的溝通機會。

對於上述這些做法 , 你可以試一試，不久你將會發現，效果比預期的還要好。

4. 多為員工謀福利

　　上至國家，下至企業，要想辦成一件事，都離不開「人和」。美國通用公司總裁韋爾奇一語道破真諦：「現代的企業，必須使公司反應更靈敏，更易與人溝通，並鼓勵員工同心協力，為越來越挑剔的顧客服務，這樣才能成為真正的贏家。」

　　德國的西門子公司就深諳此道，他們採取各種各樣的措施，不斷地為員工謀福利，以激發員工的主人翁責任感，培養員工的敬業精神，努力營造一種融洽的公司內部氛圍。

　　西門子公司在 1862 年給工人增加津貼補助；1872 年實行養老金制；1873 年縮短工作時間，改為 9 小時工作制；1888 年配備健康保險醫生；1927 年，「成果獎金」在全公司實施，這一措施後來作為法定項目被保留下來，並對在公司工作 10 年以上的所有員工都授予該獎。

　　另外，西門子公司還有一個領導與員工談心的傳統，目的在於加強思想溝通，改進領導工作，增強合作意識。像此類的措施，不勝枚舉，但它所發揮的作用只有一個：讓公司的員工感受到一種「家庭式」的關懷，並由此激發員工的潛能，盡心盡力為公司工作。

　　在謀福利這一方面，其中最為成功的是 1872 年公司所設立的撫恤金制，這一制度規定，定期把年利潤的一大部分提出來，作為員工的紅利和員工的資金，以及他們在困難時的救濟金。公司又拿出 6 萬塔勒（每塔勒合當時的 3 馬克）的資金給全體公司成員作為養老及傷殘基金。

　　這一制度的建立在近 20 年的時間裡取得了良好的效果，員工都把

自己看作是公司的永久性成員，把公司的利益看作是自己的利益，，很少有員工更換他們的工作單位，因為他們在公司的工作中，看到他們的前途有了保障，員工們也堅持留在公司裡，因為不間斷地工作能夠使退休金不斷增加。連續年資滿 30 年的員工依照工資的 2/3 發放養老金。

這個措施非常具有現實意義，使很多到了退休年齡但仍很健康，並有工作能力的人繼續留在崗位上工作。於是，他們除了領取退休金外，還照樣領取應得的全部工資。由於上述制度的建立的集體精神，使西門子公司的全體成員與公司緊密地聯繫在一起。公司領導人也公開承認，公司的大部分成就的取得都是與這一措施分不開的。

健全而完善的福利制度為西門子公司增強了凝聚力。公司領導者能鼓舞員工的信心，並把公司的目標根植在每個員工的心中，集結每一個人的努力，將之引向整個公司所追求的最終成效。採取獎賞方式和福利措施來鼓勵工作成就超過最低標準的每一個人。

韋納·西門子臨終時告訴繼承人：「我早就認識到，只有全體員工友好地、自發地合作以完成他們的共同利益，才能使不斷發展的公司保持令人滿意的發展形勢。」

他的繼承者就是遵循他的教誨領導著公司，致力於不斷擴大公司的福利事業、制訂不同部門工作保護的措施、員工醫療福利等政策，把公司員工的努力匯集在公司發展這一目標上，使得西門子公司步步上升，成為聞名世界的跨國企業。

其實，關心員工在某種意義上說就是為員工謀福利，不論是對員工還是對企業來說這都是最根本、最實際的。

5. 理智地信賴你的員工

　　人是需要交流、相互溝通的，因而必須生活在組織中，而組織之所以能維持下去，完全依靠人與人之間的互相信任與互相幫助；一旦信賴遭到破壞，組織也將會動搖。管理者如果不能相信員工，工作必定無法執行。「可以相信人，但不可盲目地相信人的行動。」這是管理者必須記住的一條規律。

　　管理者不可無條件地盲目接受員工的舉止，如服務態度、工作進度、工作方法、所擬定的檔及報告內容等，但是管理者需要適度地信任員工的人格，否則任何事都無法放心地交給員工去做，失去了分工的意義，同時也得不到員工的好感，人際關係也很可能會因此而遭到破壞。

　　對此，管理者應懂得：

1. 不要強行中斷員工正在做的事情

　　把工作適當地分配給員工，一方面達到分派任務的效果，一方面又能讓員工維持旺盛的工作慾望。管理者大都懂得這個道理，但是常常因為員工的工作速度與正確度達不到自己想要的效果，不耐煩與不滿的情緒也就油然而生，也就對員工的能力信任度大打折扣。

　　其實，由於員工經驗不足，做起事來當然較慢而且效果不好，所以如果用管理者的能力與經驗來衡量的話，員工很顯然不能達到水準。

　　「小馬，這件事做到這裡就行了，我會把它完成的，否則依你的速度，根本不能如期完成。」

　　「王小姐，這件工作對你來說可能太難了，我看你就做到這

裡為止吧，剩下太困難的部分我自己來做。」

「小李，你去請老劉來幫幫忙，這項工作一定要在今天完成。」

管理者以這樣的態度對待員工，會得到什麼樣的反應？員工心中肯定在嘀咕著：

「假如我能做得和經理一樣快、一樣好，我也當經理了。」

「何必叫別人幫我的忙，這件事我一個人就能完成了，這樣做，實在是太不給我面子了。」

「真是的，事情已經快完成了，卻叫我停下來去做別的，真是白費力氣了，既然如此，為什麼不早說呢？」

既然已把工作分配給了員工，除非有正當的理由能使員工心服，否則絕不可中斷員工正在做的工作。

2. 不要對員工過於依賴

有些管理者有管理之名而無管理之實，他們把工作全推給員工，自己便不理不問了，久而久之成習慣後，認為是理所當然的，還自鳴得意，向別人誇耀。

「這表明我們的關係良好，我這樣做，他是不會計較的。」

「哪裡！哪裡！那是因為我有良好的監督，員工才不敢為所欲為。」

「我相信管理的訣竅，就是任何事情都不必自己去做，全交給下面的人去處理。」

這種人相信自己是最有辦法的管理者，自己所用的管理方法也是最好的。其實這是不負責任與無主見的管理者才會表現出來的態度。

管理者對待員工應有以下的態度及觀念：

● 承認員工是一個社會人，並尊重員工的正當權利與人格。

● 不過分保護自己的員工。
● 對員工進行嚴格的教育。
● 不要過分依賴自己的員工。
● 分配工作給員工，並且讓他們去發揮他們的潛能。

3. 要安排後起之秀

　　培養每一位管理者的繼任者，也是每一個企業與組織必須未雨綢繆的。負責直接培養後起之秀重任的是管理者，但是多數企業對員工的培養並不積極，這可能是採用按照資歷晉升的制度所造成的，也可能是認為管理者對企業命運的影響沒有經營者來得大的原因，所以管理者本身對管理人才的教育培養也就不太積極。

　　要知道，這是一種錯誤的觀念，事實上管理者與經營者的重要性是不分上下的。

　　企業若想培養繼任者，則應該有這樣的認知：

● 找出一位正確瞭解管理意義的員工。
● 時常讓該員工代理自己的工作。
● 要使該員工有遠見，不計較目前的情形。
● 多加指導，使他能得人心，獲得眾人的認可。
● 培養該員工的工作能力和責任感。

　　管理者必須培養一位合適的繼承者，若能充滿信心向上司推薦一位能力強的員工，也能表現出自己善於用才，而且對企業的貢獻也不可抹殺。

　　另外，管理者對待員工的感受，不應該置之不理，但是也不能太縱容員工，而要視員工的具體情況來處理員工的不滿情緒，擺正員工的位置，幫助員工樹立信心，使之能夠精力充沛的努力工作。

　　對此，管理者應注意以下幾點：

● 不可過份保護員工，也不應該過分的嚴厲，最主要的是應該施以適當的教育和訓練。

● 消除員工的依賴心理，讓其有獨立工作的精神，並且培養他獨立工作的能力。

● 不可不相信員工，以致使人際關係及互相信任的關係惡化。

● 學會分派工作的訣竅，這樣才能有餘力執行自己應負責的工作，也才能借此促進員工的成長。

● 工作既已交給員工，就要讓員工獨立去做，就算是進度慢一點或差一點，也不要突然命令他停止工作，而應從旁給予鼓勵與指導。

● 若不培養後起之秀，企業生存發展必然會產生危機，不但管理者自己無法開展目前的工作，企業也無法再求大的進展，從這兩方面來說，培養後起之秀是必須的。

綜上所述，管理者應該用正確的態度去對待員工的感受，擺正自己在企業中的位置，引導員工與自己一同為了企業的共同目標而努力工作。

6. 親切地同員工打成一片

　　在公司裡，格格不入的管理者使員工感到洩氣。領導的表現，直接影響員工的工作投入感，遇上唯我獨尊、沒有商量餘地的管理者，跟員工的感情當然不好。

　　某外資公司的總經理是一個年輕有為、靠才能攀上高位的人，該公司的一位董事喬治，卻是靠關係穩坐高位的。喬治把員工當作賺錢工具，沒有感情而言，只與職位較高者有一些聯繫。

　　有一次，喬治經過員工的辦公室，發現他們正圍攏在一起，替總經理慶祝生日。

　　喬治第二天立即囑咐秘書發佈一張告示，說明員工不得在辦公時間內作私人派對，以免影響工作。另外，還明列一連串的禁止事件，例如員工不得在工作崗位上吃東西、不准大聲喧嘩等。又設立員工報到冊，由前台員工負責向遲到的員工登記名字。禁止令施行後，不少員工因遲到幾分鐘，公司即發出警告信。一些無意間高聲說話的員工，也遭到喬治的耳目傳遞消息，向有關的人提出警告。

　　兩個月後，辦公室的氣氛一片靜寂，大多數員工都顯得沒精打采，直至其中一位員工遞上辭職信，即引起其他員工的波動。

　　在以後的 3 個月裡，共有 5 名員工先後辭職。辭職信均表示要「轉換環境」。更有一位直接說明辭職的原因是不滿公司頒發的禁止令，他感到對公司再沒有歸屬感，因而辭職。

　　對此，總經理很生氣，便向其餘的董事提出抗議，闡述員工流失率高會浪費公司的人力資源，而且聘請的新人未能一下子跟上

進度，工作效率和素質也會受到打擊。幾位董事也知道事態嚴重，如果不正視員工流失的現象，確實會對公司造成一定程度的損失。

經過討論，管理層收回了禁止令，辦公室逐漸回復昔日的熱鬧氣氛，員工的流失及時被制止。

此事也證明了管理者與員工感情融洽、適當時候打成一片，可增加雙方的合作及協調，藉以加強員工的工作意欲和提高工作效率。

管理者平日的態度，不必要非得執著於「我是上司、你是員工」的界限。其實大家對自己的身份非常清楚，只要各盡其責就好，沒有必要過分標榜自己。上司可以一如朋友般，有限度地透露一些私人事情，拉近與員工之間的距離。

人是有感情的，不能強要員工公私分明，一切私人感情均不要帶進辦公室，更不要期望每一位員工都是硬漢或鐵娘子，他們也需要別人的關懷。

一位經理發覺他的秘書愁眉苦臉，要她倒茶，她卻送來一杯咖啡，還將客戶的姓名忘了。問她是否不舒服，建議她回家休息，秘書道歉並稱沒事。

但秘書不良的情緒一個星期了也不見好轉，經理忍無可忍，輕責了她幾句。不久，經理從她平日最要好的同事口中，得知秘書原來失戀了，與相戀多年的男友分手了。

經理很同情她，但是他認為私人感情影響工作，仍然是不能縱容的。他讓秘書放假一段時間，並從職業介紹所雇來一位臨時工。那位秘書竟在休假期間跳樓自殺了，遺書除了闡述感情失落外，還有一項是工作不如意。

事實上，一個感情受打擊的人，很容易誤解別人的意思，往往會出現「禍不單行」的情況，遇到一連串不如意的事。員工滿懷心事，

未必是因為工作不如意或身體不適，有可能是被外在因素影響的。例如親友的病故、家庭糾紛、經濟陷入困境、愛情問題等，都會使一個人的情緒產生波動。

作為管理者，應予以體諒，並就員工某方面的良好表現加以讚賞，使他覺得自己的遭遇並非那麼糟。

然而，有些員工非常情緒化，很瑣碎的事情都會使他（她）心神不安。如果三天兩日就要安慰他，未免多此一舉。最好的做法是以長輩或過來人的身份，教他凡事別太執著，讓員工心情平靜下來，重新投入工作中。

7. 對員工委以重任

如果管理者承諾的話兌現不了，時間長了，員工便會失去努力工作的激情。因此，管理者必須說到做到，說重視員工，就要把重要的工作交給他們做，既然信任他們，就應該放手讓員工去做。

有人將管理者與藝術家進行了一番對比，並發現這兩者有著驚人的相似之處。管理者、藝術家都是解決問題的人。藝術家試圖通過用圖畫的表達途徑來解決生活中的許多問題。而管理者則是竭盡全力將焦點放在一個問題上，不斷地表達已抓住的問題，直到他把一切都準備好了，便拿出一副巨大的畫布來，開始作畫。藝術家與管理者都是個人主義者，他們異乎尋常、敏感、想像力豐富、熱情洋溢、複雜、充滿了活力，富有創造性、充滿了自信。

作為一名管理者應該具有自信，否則便談不上成功地管理員工了。在與員工交往時應坦誠、直率，作決定時應該有勇氣、有膽量，行動時一定要果斷、俐落，這樣才會成為企業所有員工效法的榜樣。

首先，管理者要有自信，同時還要相信自己的員工同自己一樣有自信，這麼一來，管理者就會把自己的事情分給員工去做，因為他相信員工的能力。員工也因為受到重視，因此幹勁十足，將自己的才能充分發揮出來。

認真觀察每一位員工，找到他們缺少信心的原因，成功的工作體驗多，員工更加充滿自信，自己的才能便能得以很好的發揮，管理者的任務便是給員工創造一個充分施展才華的空間，委以重任。

才富
21 世紀最貴的資產是人才

第一，從知識到經驗。

從一定意義上說，經驗就是知識。知識是人類所有經驗的匯總，並以書、報、雜誌等載體向外傳播經驗的表現形式。一個人有了知識並不意味著他有了經驗，每個人都要完成這樣一個步驟：將所有的語言符號轉譯成行動的符號。如果說知識的取得是用腦的結果，那麼經驗的取得則應該是調用一個人的行動的結果。

企業中有些員工是學業有成的青年才子，有些是滿腹經綸的白面書生，或許他們在實際工作中總是顯得力不從心，最終將自己已有的學識荒廢在唉聲嘆氣當中。

這時，企業管理者便應當對他們進行工作前的教育培訓或指導，讓他們在學業與事業接軌時受一段時期的磨合，讓他們懂得學以致用、實踐出真知的道理；同時使他們在工作中獲得運用知識的自信，並大膽地去創新。

員工有了對自己學識的肯定以及對實際工作的全新認識，他們就會正確地瞭解自己了，在每一次的工作實踐中積累相關的經驗，為進一步的成功做好信心上的準備。

另外，身為管理者應該充分認識到理論知識是用來指導實踐的。不要認為新來的員工只懂得紙上談兵，如果能加以引導，他們會發揮出自己的潛能的。

第二，為失敗者提供成功機會。

意志薄弱的員工，往往經不起接連不斷失敗的打擊，一次不成功的經歷會影響他的一生。「失敗是成功之母」這話對他們來說已經成為了精神上的一種負擔。無數次失敗的教訓沒有換得一次成功的經驗，這使他們逐漸喪失了自信，從而導致他們萎靡不振。

既然有些員工經受不了失敗的打擊，那麼管理者就應該考慮如何

給他們一次成功的機會，如何讓這些意志薄弱的員工從成功的喜悅中獲得信心。

管理者可以選擇一些他們一定能成功的專案讓他們去做，不要認為這些事微不足道，對員工來說卻是精神上的慰藉，他們也許能夠從這一兩次的小成功中逐漸領悟出來如何才能取得績效，從而使他們信心倍增。

第三，做到人盡其才。

「人的工作情況必須在能力之上。」這是東芝公司總裁士光敏夫的一句名言。企業必須做到人盡其才，物盡其用，這樣才能提高企業的工作效率，使企業運轉有規律。

作為一名管理者要做到尊重員工，首先就要尊重員工的學識與技術，委以重任，才能激發起員工的熱情。挑戰性的工作會讓參與其中的員工在體智與心智上都得到一次鍛煉，進一步培養他們的自信。如果他們所做的事情獲得了成功，那麼他們做什麼事情都信心十足。

自信心的提高只有在經歷了無數的危機與困難後才能取得。而且所經歷的逆境越艱難，所獲得自信心的提高幅度就越大。

優秀的企業管理者必須具有向下放權的膽量與信心，天將降大任時對人空乏其身的洗禮是員工獲得自信的前提。一旦員工在嘗試了成功的喜悅之後，就能夠調動自己所有的幹勁，樹立自我激勵的自信，從而工作成績便會有明顯的提高。

第四，期望的力量。

自信是由人們所做出的成績與期望的接近程度來決定的。當人們做出的成績與自己期望的效果的差距越來越小時，那麼，所產生的自信就越高。

　　人生活在現實中，自我評價並不是獨立地進行的，一方面它是自己的預期，另外一方面它又是其他人的預期，也就是我們所說的認同感。如果達到了自己的預期效果，卻不能得到其他人的認同，那麼說明這項工作的效果是不理想的。因此，自信的取得還有賴於人們的評價。這些評價可以是現實的客觀分析，也可以是展望式的預言。

　　有這樣一則故事，它告訴了人們展望式的預言，或者說是期待所產生的神奇力量。

　　　　有一位膽小怕事的中年法國人，他性格上的懦弱使他缺乏自信，始終一無所有。一次他拜訪了一位吉普賽術士，請他占卜未來。這位吉普賽人告訴他，他的前世是大名鼎鼎的拿破崙，他的靈魂深處繼承了拿破崙所有的生命精華，他的未來將會精彩斑斕。這位法國人聽後大受啟發，他決心不荒廢自己內具的寶貴「遺產」。他學習了拿破崙的所有韜略與策略，並把這些知識用於生意場上，結果成為一名聞名遐邇的企業家。

　　對員工來說，管理者是組織中具有權威的人物，管理者對他們的期待或預言，有著與吉普賽人相同的魔力。領導的期望會在員工的心理上產生預期的支配，從而作用於他們的行為。這種心理投資會讓員工迅速意識到過去的一切已經控制在自己手中，接下來只要付諸實踐就可以了。這為員工自信心的產生創造了心理上的優勢。

　　領導的期望對員工的影響是很大的，領導的期望意味著該員工受到了領導者的重視，讓員工認識到了自己在領導心目中的地位，員工有了一種被肯定的感覺，他們會更加放心、勤奮地工作。

8. 對老員工不可有偏見

事實上，在現階段的企業裡，年齡也成為個人條件之一。年屆 30 歲開始，每過一年，個人條件的水平線便逐漸低落。

一般經理認為年紀大的員工有以下的不足之處：

● 體質衰退。年紀漸長，體質相對地有衰退現象。視力與腦細胞記憶力衰退，是最明顯顯示老化的器官。

● 薪資偏高。由於每年按百分率加薪，一位年屆 50 歲的下屬，薪資比年屆 30 歲的下屬高出許多。他們做同樣的工作，年輕者的體力比老年者佳，工作可能更出色，造成下屬薪資不平衡的情況。

● 接受事物的能力下降。隨著科技的進步，以前用的算盤，現在已被電子電腦所取代。僅靠紙本檔案已經落後，電腦早已大派用場。年紀漸老，學習新知識的能力較低；公司若花錢讓他學習，又距離退休日子太近，徒然浪費資源。

● 缺乏鬥志。高齡員工本身有自知之明，認為如何拼命，公司也不會重用他，因而出現因循苟且的工作態度。由於工作方面沒有疏漏，公司方面難以有藉口將之解雇。

以上種種原因，都對高齡員工非常不利；中齡員工情況也不好。

所謂中齡員工，即是由 35 歲至 50 歲之間。中齡員工曾經歷過一段掙扎期，一般已認為目前已是穩定階段。

他們一般會有以下的特徵：

● 服從上司指示。由於在商場輾轉多年，深知市場的需要，也瞭解自己的能力；在久亂思安的心情下，對上司的指令均顯得較

為服從。

● 多做兼職。年輕時代的玩樂時期已過，要求高一層次的享受。為了使自己或家人生活較佳，多做兼職是唯一的賺錢方法。

● 注重實際。他們不願將時間耗在人際關係上，同事之間的相處，多數隻身於辦公室內。

大多數經理均選用年輕員工工作，卻不考慮高、中齡下屬也有其優點。有些經理甚至刻意忽視這類下屬，暗示他們自動辭職，此舉未免顯得目光過於短淺了。高、中齡的下屬是可以有更大的發揮的，他們的優點和潛力是否能盡為所用，則須看經理的管理能力的高低。

一個在一個行業裡工作多年的員工，他必對該行業有很多認識，他可能是一本活的字典，有著豐富的寶藏。但由於年紀大了，或者在同一地方工作時間長了，由於缺乏新鮮感，衝勁和鬥志減退，表現雖然穩定，但較難進一步提高他們的工作效率。上級應借助一些機會或場合，當眾稱讚這些員工，但另一方面，也要私下向他們提出公司的要求，鼓勵他們力求上進。

高中齡員工的經驗，是年輕員工所沒有的。他們憑著豐富的工作經驗，可避免許多不必要的錯誤，從而省時省力。因此除了在言語上的稱讚和鼓勵外，更應留意對他們提供晉升機會，使他們真正能發揮自己的經驗和知識。

年輕的員工有未知的潛力，往往令經理較為重視。然而，中年及老年的員工對公司仍有很大的價值，經理若忽略了他們，等於放著眼前的珍寶不用，卻費勁去發掘未可知的寶藏。

一般年長的員工由於害怕失去職位，因而對工作非常重視。他們認為效率尚在其次，主要是每件事都有好的交代，即是所謂有責任感。另外，獎勵和稱讚對於年長員工非常有效，使他們覺得自己仍很能幹，

因而做得更好。

　　但是，若肆意批評他們所做的事，他們不但不能改正過來，還會惡化下去。原因是這無異是上司對他們明顯地表示：「你沒有用了。」這一打擊非同小可。一方面，他們沒有改變現狀的良方；另一方面，尊嚴受損讓 他們產生沮喪和失望，往後的工作品質更差。上司不妨經常向他們表示，許多工作都要靠他才可辦好，而有些誠懇的話是很管用的。例如：「拜託你了」、「這件事全靠你了」、「我是信任你才把這件事交給你」，下屬聽後必然盡他最大努力完成工作。

　　為了使年輕的員工尊重高齡員工，適當當眾表揚高齡員工是最佳方法。有時候，與他們聊幾句，詢問一些有關過去的事，使他們有被重視的感覺。

　　對於工作態度因循苟且的高齡員工，不能採取責備的方式，更切忌當眾教訓他。應找機會到辦公室面談，先詢問對方的健康情況，然後才詢問其家庭狀況，最後詢問他們對目前的工作是否感到滿意，並鼓勵他們就本身工作提出一些建議。

　　整段面談時間以先聊天，後鼓勵建議為主，不要稍露一點兒教訓的意識。如此一來，經驗豐富的下屬，對待工作的態度一定會有轉變。

9. 用實際行動表示出尊重和關心

　　對於領導來說，實際工作中有許多事情，是不能用漂亮的話來解決的。這個時候，為了不使你的人際關係再度惡化，你所做的最低限度的努力，對自己及對周圍的人都是必要的。

　　這裡先舉幾個努力的目標。

(1)　用善意的表情和態度對待。對方以善意的態度對待你時，你也要極力地回應對方。如此一來，你們二人就會愈來愈契合。

(2)　無論如何不要忘了打招呼。即使一如往常，跟對方打招呼，對方仍然堅持轉過頭去，你也不要急，要相信這種情況一定能得到改變。

　　再一次呼喚他，當他有了善意的回應時，不要忘了，就是這個時候，是轉換人際關係的最好機會。至少這個努力，可以防止人際關係再度惡化。

(3)　注意說話的語調。不管你用多麼美的詞句，語調不當仍會使其效果大打折扣。所以有沒有說出兇狠的話或聲調，都是要非常小心的。

(4)　清楚表明對他的主意的贊成。例如在會議等場合，如果與你對立的下屬提了一個很不錯的提議，這時你要趁機毫不猶豫地表達贊同之意。如果能將你同意的原因也清楚地講出來更好，這樣一來，才不會被人認為是在迎合某人。

(5)　當著他人的面說他的好話。與你對立的下屬，也會有其良好的人際關係。如果有機會和他的朋友聊天，就多說一些有關

他的事。特別是，多說一些他的優點。

如果當著他的面直接說，會令人覺得你是裝模作樣，或是有什麼企圖。透過第三者傳話，能收到很好的效果。

(6)　積極表示願意幫忙的態度。與你對立的下屬如果工作多得忙不過來，或是有不知如何處理的難題，正在苦惱時，你要積極地表現出願意幫忙的態度。也就是下定決心，一定要接近他。

如果你想維持你的良好的人際關係，而不讓它惡化，那麼，不要讓任何機會從你的眼前溜過。人是會改變的。再怎樣激烈的對峙，眼淚也會有流乾的時候，最後反而會開始懷念起對方了。

要打開頑固緊閉的心扉，只能靠著一顆「等待的心」。有人說：「好命不怕運來磨。」借著最後的努力定能轉禍為福。如果上下級之間的關係已經陷入僵局，你卻放任不管的話，對雙方都沒有好處。遇到良機時，就要好好把握，積極加以改善。

10. 讓員工把自己看作公司的主人

　　一個人的能力是有限的，如果只靠一個人的智慧指揮一切，即使一時能夠取得驚人的進展，但終究會有行不通的一天，因此作為領導者要懂得積極調動員工的積極性，讓大家集思廣益，群策群力才能把公司辦好。

　　1989 年 11 月，5000 名員工在拉塞爾·梅爾的領導下，依靠個人集資買下了 LTV 鋼材公司的條鋼部，他們把這個部門命名為聯合經營鋼材公司。梅爾給這個新成立的公司上的第一課是關於 LTV 鋼材公司在最近幾個月中所遭受的挫折，他想使他的公司能夠應付鋼材市場即將出現的最疲軟局面。

　　在這之前，作為共和鋼材公司的總經理，他曾幫助籌畫過共和公司與 J & L 鋼材公司的合併工作，合併的目的是兩個公司合夥經營使效率提高。但這麼做仍於事無補。合併後的公司不停地削減開支，精簡機構，甚至連梅爾的朋友也被解雇了，但任何辦法都阻擋不住大量的虧損。

　　因為種種不利因素，梅爾覺得採取的一切措施都無濟於事。梅爾對這個部門的前途毫無把握。因為 LTV 公司正提出破產，所以，有關前途的很多方面都難以預料。這一經歷比他事業生涯中的任何別的經歷更能使他充分體會那些為他工作的人們的真實感受。

　　梅爾說：「在那窮途末路的時刻，他們的意願也恰恰成了我自己的意願，他們想體驗一下受到公平待遇時的感受。他們，也許還有你，打算至少能瞭解一些情況，並且，如果可能的話，能夠參與左右他們所在公司前途的決策工作。你絕不想一切都聽別人擺佈，而自己對自

己的命運無任何支配的權力。」

　　基於這一認識，他又明白了另外一件事。「經理們總以為，只要讓員工像我們自己那樣投入工作，我們就能獲得成功，」梅爾說，「我們以前從未搞明白，為了這麼做，我們不得不犧牲一些東西。我們以前想做的是讓員工有和我們一樣的感受，並以為我們可以用錢、用優厚的退休金和獎金來促使員工按我們的要求做。

　　「而實際上，這些事都應該做，但是，由於我有別人對待我的經歷，我發現光這樣做還不夠。員工願意和你分憂，但你必須讓他們對他們的前途發表自己的意見。如果你給他們這樣的權力，他們就滿足了。」

　　在聯合經營鋼材公司，梅爾一改以往的工作方法，恪盡職守地行使領導職權。他總是講實話，把所有情況公開，與員工同甘共苦，並且總是讓員工看到希望。他深信，這是激勵員工、充分調動員工積極性的最佳方法。梅爾知道，為使員工充分施展才能，必須讓他們懂得怎樣以員工又是主人的姿態自主地、認真負責地做好工作。

　　為實現這一願望，他認為最好的方法是把所有資訊、方法和權力都交到那些最接近工作、最接近客戶的員工手中。他深信，如果他能夠使所有員工都感覺到他們對公司的經營情況擔負著責任，那麼，公司的一切，無論是員工信心還是產品品質都會得到提高。

　　他說：「如果鋼材是由公司的主人生產的，其品質肯定會更好，這是毫無疑問的。我們的目標是創建一個能夠充分滿足客戶要求、為客戶提供具有世界一流品質的產品和服務的公司。只有實現了這些目標，我們這些既是公司的員工又是公司的主人的人才能保住穩定的工作，才能使我們公司的地位得到提高。」

　　梅爾清楚，要實現這一目標，公司必須開創一個員工充分參與合

作的新時期，只有這樣，公司才能在鋼材行業處於激烈的國際競爭、特殊鋼材不斷湧現、獲得高額利潤的產品不復存在的環境下生存下去。要想獲得成功，梅爾說：「我們必須採用一套新的管理機制，來為所有員工創造為公司的興旺發達貢獻全部聰明才智的機會。」

這一點充分體現在聯合經營鋼材公司理事會的人員結構上：其中4 位理事是由工會指派的，3 位來自管理部門，包括梅爾本人和另一名拿薪水的員工。

但是，讓員工明白他們應怎樣為公司的興衰成敗承擔起責任並非一帆風順。把錢留下，買些股票，員工就成了股東，但他們對這樣到底意味著什麼卻一無所知。更有甚者，很多員工都表示他們願意負更多的責任，願意進一步參與公司的事務，但是他們就是不承擔他們各自的義務。對他們來說，什麼是有獨立行為能力的成人，什麼是依賴別人的孩子都搞不清楚。

每一個人天生都有一種希望得到別人的關心照料的慾望，希望有人保護，使其免受那種社會殘酷競爭的侵擾。作為對這種保護的回報，人們會心甘情願地放棄支配權。所以，即使員工表示打算負更多的責任，願意參與決定公司前途命運的決策工作，他們也往往不願自始至終地履行自己的諾言，因為他們既害怕失敗，又擔心自己的能力，所以他們就會躊躇不前。

梅爾明白這種心理。梅爾力求通過努力，設法讓員工明白當主人應做些什麼，使他們的思維軌道從「好了，那是他們的問題」轉換到「我即是公司，所以，這事最好由我來處理」的軌道上來。聯合經營公司的工作人員現在有雙重身份，一種身份是員工，另一種身份是公司的主人。雖然這兩種身份不同，但一種身份都會對另一種身份起促進作用。

在梅爾的這一做法下，員工們開始願意更廣泛地瞭解企業是如何運作的。為了幫助他們實現這一願望，梅爾給他們提供了一些有關員工擁有股票計畫的知識，並教他們怎樣查看資產負債表和收益計畫書。他的這些舉措的最大目的是讓員工感受到，並在行動上體現出公司主人的感覺。他想使員工對工作的責任感成為他們個人品性的一部分，並促使他們為了實現公司的經營目標而竭盡全力。

然而，為了取得他所期望的效果，他必須把有關工作的全部情況傳達給大家，包括公司經營計畫、每季度的執行情況等等。員工們想瞭解他們的進度情況，瞭解怎樣繼續努力。他們必須有瞭解情況、行使權力的管道，有學習知識、獲得獎勵的機會。否則他們不會採取主動行為，充分發揮他們的作用。

由於管理思想的正確，能解決問題、不斷改進的部門在公司裡相繼湧現。員工提出的關於改進工作方法的建議在短短的 18 個月裡就為公司節省開支 6500 萬美元。

可見，讓員工有當家作主的意識，就能為企業帶來實質性的收益，也更能使領導者和員工和諧相處。

11. 公司中的每一個人都是人格平等的人

「心香一瓣，誠則靈」這句大智大慧的話語充分表明了誠心、真誠在人際關係中的重要性。

日本企業家之父澀榮一在其廣為流傳的名著《論語加算盤》中說，真誠，誠心是商戰中制勝的法寶。日本企業創造的奇蹟證明了他的論斷，在同美國企業的激烈競爭中日本企業家棋高一招：日本企業內部良好的人際關係大大提高了日本企業的競爭能力，日本企業家對員工能做到以誠相待，如果公司面臨困境，老闆會把真實情況告訴員工，然後群策群力共渡難關，正是這種相濡以沫的真誠使員工能以公司為家，竭力為公司奉獻自己的聰明才智，相反，一些美國公司為了追求短期利益不惜欺騙員工，員工與老闆之間的關係缺乏真誠的基礎，從而影響了公司的競爭能力。

人是生而平等的，所以要以平等的態度對待每一個人。

有一家公司，雖然其薪酬不算很高，但他的員工卻很少跳槽。公司的總裁曾這樣說過：「人是平等的，如果有高下之分，也是因為品德，能力而非職位，每個人因機會和遭遇不同而包裝不同，但在人格上絕無高下之分。」

公司總裁秘書說：「我珍視這裡平等的氣氛，我的上司從不對下屬頤指氣使，即使有誰犯了錯誤，也不是用訓斥的口氣，或殺雞儆猴。這種平等待人的態度使大家都感到是在為自己工作！」

正因為這位總裁有著發自內心的平等意識，才吸引住眾多人才同舟共濟，使公司躋入全國百強之列。

世上沒有萬事皆能的人，也沒有一無是處的人，尺有所短寸有所

長，再「高貴」的人也有其致命的弱點，再「低賤」的人也有他人所
難及之處，這個道理雖然人人都懂，但未必人人都能身體力行。

美國零售巨頭沃爾瑪公司的「顧客至上」原則可謂家喻戶曉，
但是，沃爾瑪公司在奉行「顧客是上帝」的同時，也維護員工的利
益，尊重員工的人格。因為無論是顧客，還是員工，人格上都是平
等的。

他們認為，在員工與顧客發生衝突時，不應該在顧客面前批
評員工，在把顧客心平氣和地送走之後，要瞭解真實情況，準確判
斷是非，如確定是員工的責任，當然要嚴肅處理，如責任真的不在
員工，就要盡最大努力做好安撫工作，像是去看望一下員工，給予
適當的經濟補償等等。

員工感到自己與顧客在領導眼裡是平等的，領導是明辨是非
的，天大的委屈也會消失。員工有了受尊重的感覺和安全感，工作
就會受到鼓舞。

有些管理者在認識上有誤區，以為為企業的總體利益，需要員工
做出犧牲。「顧客是上帝」嘛！可是也不要疏忽了，員工也是企業的
「上帝」。得罪了這個「上帝」，企業也搞不好。

如果真能以平等之心看待每個人，就不會依著形骸以外的桂冠而
趾高氣揚，也不會因為位卑而唯唯諾諾，由此而真正地達到寵辱不驚
的至高境界。

雖說尊敬下屬比尊敬上司要難，但卻更能體現出一個人的修養和
品質。如果你不希望一朝退位時品嘗人走後的涼茶，那麼，從一開始
就要平等地對待每一位員工。

12. 對員工採用「信任一條龍」

　　每個人都有自尊心和榮譽感。當人的自尊心受到社會和人們的尊重時，就會產生一種向心力、合作感，就會與社會的人們保持和諧一致的行動。

　　所以，尊重別人的人格、尊重別人的勞動成果，才能團結別人，並受到別人的尊重。領導者要帶頭尊重人，使組織內部人人感受到別人對自己的尊重，從而和睦友好地相處，齊心協力完成組織的共同任務。

1. 信任要經過觀察與選擇

　　人都有自信心，都有成就感，都抱有通過自己的努力去做好某項事情的心情和願望，領導者在考量後給予職為之後，應該信任他們，放手讓他們大膽地開展工作。

　　用人不疑，給以信任，可以給人以巨大的精神鼓舞和無形的力量。

　　　　教育學家馬卡連柯把信任人作為一個管理教育原則，並完滿地取得了實驗研究的成果。他曾把一張金額很大的支票交給一個正在改造的青年去直接領取，由於他信任這個青年，從而獲得了這個青年的信任，終於完成了領款的任務。

　　當然，這種信任不是盲目的、無根據的，而是經過仔細的觀察和審慎的選擇。由此可見，信任別人的人，才能得到別人的信任。那些在用人上嘀嘀咕咕、將信將疑、顧慮重重的人，是不符合用人原則的。

2. 當下屬取得成績時，要信任他

　　信任你的下屬，千萬不能把這句話只是放在口頭上，要把它牢記

於心，並時時處處做到這一點，這才是一個領導的英明之舉。然而，有的領導人疑心病很重，平時員工成績平平，他對下屬充滿信任，似乎平庸的下屬永遠不會背叛他。他也時不時地給些小恩小惠，對下屬百般拉攏。

而當下屬出現成績時，他便開始懷疑。於是，對下屬說話時便陰陽怪氣，話中帶刺，語中含諷。要嘛就派人四下裡盯著他，懷疑下屬與外面的公司有什麼「勾當」，以至於損害了他的既得利益。

其實，這種領導是最愚蠢的。他的手下人只能都是些碌碌庸人，到頭來在眾叛親離的情況下而失去天下。而聰明的領導，在下屬做出成績時，會顯得對下屬更為信任，這樣下屬才會做出更大的成績。而當下屬出現失誤時，領導會不會真的繼續信任，這的確能顯示水平了。

3. 當下屬出現失誤時，也要信任他

一個聰明的、有能力的領導者，應該在下屬出現失誤時依然信任他。用不著在這個時候獻上多少殷勤，只要你真心實意地幫他改正失誤，在他改錯後仍然像以前那樣信任他就足夠了。

朋友之間相處，講究「患難朋友才是真正的朋友」。領導與下屬相處，一個重要的檢驗時刻就是一方處於逆境時。

要想贏得下屬的信任，你就必須信任你的下屬，在他處於逆境時尤其要這麼做。誰都有過身處逆境的時候，知道其中滋味，也會清楚記得在困境中真心幫助過自己的人。

作為一名下屬，他出現失誤，本身也會有一種自責情緒，也同時在懷疑你會不會對他失去信任。下屬當然明白你對他失去信任將意味著什麼，這個時候，你就應該去信任他。

你可以與他一同研究出現失誤的原因，而後以真誠的態度，而不是以那種領導對下屬的態度給他提出改良的建議。要表明你以後會繼

續信任他。可能的話，在他的失誤中你也給自己攬一份責任，與他共擔失誤，減輕他的壓力，贏得他的信任。

4. 當企業出現困難時，仍要信任他

信任下屬，不僅在下屬出現困難時應該這樣做，而且在企業出現困難時尤其應該信任他。

有的領導愛耍小聰明，也確實靠著耍小聰明而獲得一些好處。但是，當他的小聰明無法得逞時，他就不會相信任何人，不相信自己，更不相信下屬。

有的領導把屬下與低下等同，認為屬下就意味著能力低下，不能把希望寄託在他們身上。他可能會以為屬下就是羔羊，而他是牧羊犬。在他無計可施時，相信他的下屬也不會，或完全不會抵抗面前那只凶狠的惡狼。

如果領導者真如此想，那就錯了。切記，羔羊也有齊心協力用犄角將狼拱翻的時候。什麼事情都怕齊心，不是說「團結就是力量」嗎。事實的確如此。同理，在公司或企業處於逆境時，你應該更加信任你的下屬，把援救之手伸向他們。千萬別伸向幻想，或者是你的敵人。那樣他們只能是把你打倒在地，然後再踩上幾腳，讓你永遠不得翻身。

你應該清楚，在這個時候，屬下才是你真正的幫手。你們的利益密切相連，不可分割。你可以到下面去走一走、看一看，多與下屬交談，多瞭解他們的想法、看法，多徵求他們的意見和建議，並努力著手去認真思考。如果確實可行，即刻實施，絕不可有絲毫猶豫。

你這個時候的信任程度將起到重要作用。如果你能讓下屬看出你是真正信任他們，那他們的幹勁會更足。

你在這個時候也可以把幾位有代表性的下屬請到家中，誠懇交談，以心換心，集思廣益，同樣會發現好點子，有利於本公司擺脫困境，

重新迎來輝煌。

13. 理解、體諒員工的家庭問題

在某一時刻，一個公司的組織裡也許只有某個員工的家裡發生某一個問題，但是，員工家裡發生這樣或那樣的問題，是常見的。常言道：家家都有本難念的經。領導者不關心甚至埋怨員工家裡發生問題，是不近人情的，更談不上同員工友好相處與調動員工的積極性了。

常言道：「家家都有一本難念的經」，所謂難，一方面是由於它的內容「豐富」，其中包括下述各種各樣的矛盾和問題。

1. 經濟方面的問題。家庭經濟本來就不穩定，或收入突然減少，或一下子要支付一筆很大開支而影響家庭經濟平衡等等。

2. 子女方面的問題。如今的家庭大多是一個孩子，這就常常有這樣那樣的問題。有的地方進入託兒所難，入幼稚園難，甚至入小學也難；孩子頑皮、翹課、成績差，升不了國中、高中；「苦讀寒窗」十幾年後，大學考試落榜，要為他找工作，安排出路。

3. 長輩方面的問題。對夫妻雙方的父母，或照顧不周，或他們覺得厚此薄彼而產生不滿；老人難免有各種身理、心理不舒服，最終還得「壽終正寢」等等。

4. 夫妻之間的問題。夫妻是家庭的主體，矛盾也自然多些。

例如：對家庭的諸多開支，親友間的禮尚往來等方面的問題，夫妻間常常有意見不一的時候，甚至一方產生不快的事情；夫妻的興趣、愛好有差異，甚至完全不同；夫妻都屬「事業型」的人，都有遠大的抱負，家務方面的事一塌糊塗；一方身體不適，或者重病住院；一方

因傷或因病身體致殘，損傷了美麗的容貌，甚至生活不能自理；有主觀或客觀方面的原因，一邊犯了錯誤，受了處分；夫妻感情逐漸淡薄等等。

5. 家庭其他成員相互關係方面的問題。家庭除了夫妻之間的矛盾之外，其他成員如兄弟、妯娌、婆媳、父子、姑嫂、女婿之間以及保姆間，也常發生矛盾。其中婆媳之間的矛盾最為普遍和複雜（由於執行計劃生育，家庭的這些關係大大減少了，矛盾當然也會有所減少）。

6. 鄰里方面的問題。常見的是土地佔有問題、護小孩、上下層樓之間不注意環境衛生等問題。

7. 突發事件。指那些意想不到的天災人禍，如車禍、火災、水災，等等。

上述家庭矛盾的種種表現，當然不是每個家庭都有，有的家庭可能多一點，有的家庭可能少一點，但是不存在完全沒有這些矛盾的家庭。

這些家庭矛盾，不論哪一種，都或多或少地影響到家庭每個成員的經濟利益或者思想情緒，但又很不容易處理，有句俗話叫做「清官難斷家務事」，是這本經難念的又一個方面。

例如：有的家庭矛盾，可以說是沒有意料地發生，又不知怎麼就消失了，用不著大驚小怪，也用不著採取什麼措施和方法。但當它發生的時候，由於讓人煩惱，或者使人驚恐，常使人不自覺地插手處理，但往往插手比不插手更糟糕。有的矛盾必須進行調解，但因涉及家庭某些成員，調解起來常常不知從何著手。

作為一個單位的領導者，首先要理解自己的每一個員工的家裡都有一本難念的「經」；其次是要善於幫助自己的員工念好這本「經」。

才富
21 世紀最貴的資產是人才

這樣才能使員工安心於工作。

14. 適時走訪員工的家庭

出於對員工的關懷尊重，企業管理者也應該走訪員工的家庭，並做到「一報」、「三訪」。

所謂「一報」，即向家長報告員工的情況。除了必須讓家屬掌握，以便讓家屬一起說明改正員工的錯誤、缺點外，主要是報告員工的優點和工作成績，讓家屬覺得自己臉上有光，覺得自己的親人更加可愛可敬，覺得自己要更好的支持自己的親人搞好工作。

值得注意的是，講員工的優點和成績一定要實事求是。這樣才能由衷地讚賞，也才能調動家屬的感情。員工的成績有大有小，優點有多有少，除了某些出人意料之之外，他們的家屬自己心中大致有數。哪怕是很小的成績，很少的優點，受到領導者的肯定和讚許，家屬也會感到高興。如果說過了頭，家屬反會覺得不自在。

如果員工存在較嚴重的錯誤或者較多的缺點，當然必須告訴家屬。因為員工的錯誤缺點如果被動地讓家屬發現，往往招來埋怨，產生隔閡。由員工自己或者領導者主動告訴家屬，則可以得到家屬的諒解、關心和幫助。但也必須實事求是，縮小了起不到應有的作用，擴大了會導致反感甚至絕望。

切忌用「告狀」的方式，只能用關心的商量的口氣，共同尋求進行挽救和共同幫助改正的辦法。

所謂「三訪」，即訪情、訪苦、訪賢。

1. 訪情，就是了解員工的家庭情況

訪情的目的：一是便於以後進行幫助；二是增進與家屬的感情。

　　每作一次家訪，一定要瞭解員工家裡各方面的情況：家庭人口、家庭人員關係、家庭經濟狀況、家庭存在的主要問題等等。瞭解家庭情況時，要因戶而異，掌握分寸，詳略有別，適可而止。經濟狀況本來是家訪要瞭解的主要內容，但如果你已經知道員工是寬裕型的家庭，就不必問其他成員每月的工資收入，還有其他收入等；如果已經知道員工是困難型家庭，就不要問還欠多少債，欠誰的帳，因為不少的人不願把這類數字告訴外人。

　　還有些問題家屬感到苦惱，需要解決，但屬於隱私問題，則更不要詳問。對於家屬極為關心又願意談論的問題，則可以多談些，因為談論對方感興趣的問題，是使人喜歡的一項重要藝術。

2. 訪苦，實質就是慰勞辛苦

　　員工的工作好，成績大，都離不開家屬的幫助，或者是幫助解決工作中的某些難題，或者是大部分或全部地負擔了家務，或者在精神上給予了很大鼓勵。這些，家屬並不需要回報，而只需要理解。

　　感謝的話，讚賞的話，表揚的話，從領導者的口中說出來，會使家屬感到自己的勞動受到肯定，受到尊重，支持自己親人工作的熱情會更高。

3. 訪賢，就是在家訪時讚賞家屬的賢德

　　絕大部分的家屬不是自己的員工，即使同時又是自己的員工，對於家庭問題，大多不宜介入，更不能輕易地拿起批評的武器。這就只能採取另一種形式了——讚賞。

　　每個人都有自己的優點和優點，每個人都可能在同一問題上，有時做得很對，有時做得不對。對於員工的家屬，回避其缺點和錯誤，回避其做得很不對的地方，只讚賞其優點和優點，只讚賞做得很對的

地方，可以取得很好的效果。

　　某公司的供銷員 E 君，經營在外，家裡全靠妻子一人操持。由於妻子的諄諄教導和悉心照料，熱情鼓勵，兩個兒子都很用功讀書，大兒子順利考上了大學。不料在二兒子上高中時，妻子曾一度成了「麻將迷」，晚上常常丟下兒子不管，到別人家去玩麻將。也常常邀人到自己家裡玩麻將，使二兒子無法溫習功課，二兒子一開始是無可奈何地站在一邊看，後來也跟這玩了幾盤，成績很快就下降了。E 君知道後，心急如焚。她妻子個性很強，很難接受批評。他從側面提醒過幾次沒有效果，只好告訴經理。

　　經理想了一下，就去作家訪。經理正好有一個兒子上高中，便說是來取經的，硬是要她介紹如何鼓勵、幫助兒子考上大學的，並幫助她總結出來了幾條。這幾條，的確是她鼓勵幫助大兒子讀好書的經驗，其中有兩條又是她現在沒有做到的。經理說：「我一定認真學習您的幾條，也讓我兒子能上大學。」回廠以後，還把這幾條放在公司的黑板上，號召大家學習。自從經理那次家訪以後，這位家屬主動摘掉了「麻將迷」的帽子，工作、家務都很出色，二兒子也考上了大學。

　　可見，適時走訪員工的家庭，為員工提供支持，能加強彼此的團結，是激勵員工工作熱情的重要途徑。

15. 為受打擊的員工撐腰

　　一般而言，在公司或企業中，能力強的員工受人攻擊在所難免，表現出色的員工也常常惹人嫉妒，成為被打擊的對象。一些員工常常面臨這種困境。

　　要做事就要改變落後的現狀，這自然會觸動一些人的利益，得罪人是難免的，而且一不小心就被別人伺機報復。因此，原來一向很有幹勁，工作出色的員工常常無法忍受以至失去信心。

　　這時，管理者則應有效處理，為員工撐腰，剷除「小人」，給員工一個寬鬆的工作環境。若是不管不問，員工便會抱定「多做多錯，少做少錯，不做不錯」的信條，那樣，誰還會為你做事呢？其影響更是不可估量。

　　　　某公司秘書 S 精明幹練，不光把本公司上下打點周到，其他一些關係公司也在他的活動下與本公司親如手足，因此，一時間他被幾次加薪，大紅大紫。然而，好景不長，很快，有關 S 利用公司為自己拉關係，抱怨加薪不公等謠言一一傳出，這話既傳到了總經理耳中，也傳到 S 耳中。S 怕謠言再出，不得不少出風頭，這樣難免士氣低落，影響了效率。

　　　　總經理明察暗訪後，知道有人從中作梗，便找出了「刺頭」，在開會時批評，並為 S 平反，立下「再有無故生事者」，立即解雇的規定。這樣 S 又恢復了從前的幹勁，工作起來又有了活力。

　　可見，公司管理者要有意識地保護賢能，剷除奸人，並應盡力做到：

　　第一，清除害群之馬。對那些見人提升就嫉妒，無所事事傳播謠

言的人要嚴懲不貸，以免因這樣的人而影響損害整個集體。

　　第二，做員工的堅強後盾。當員工被人指責時，管理者應查清情況，明辨是非；為冤者平反，樹立企業公正形象，做員工後盾，這樣才能上下一心，共謀大業，創造輝煌。

　　第三，樹立公平競爭的風氣。對嫉妒、暗中使壞現象一定要杜絕，使企業上下公平競爭，使害群之馬無可乘之機，無立身之處，這樣的公司才能長盛不衰。

　　做一個豪氣公正的管理者，為員工撐腰，既為自己增添英雄氣概，又為公司高效運轉助一臂之力，出色的管理者應當借鑑此法。

16. 員工需要領導者的信任

　　領導只有充分信任部屬，大膽放手讓其工作，才能使下屬產生強烈的責任感和自信心，從而激發下屬的積極性、主動性和創造性。所以說，一旦決定讓某人擔任某一方面的負責人後，信任即是一種有力的激勵手段，其作用是強大的。

　　作為領導者，試想一下，使用別人，又懷疑他，對其不放心，是一種什麼局面；試想一下，在你的公司裡，如果下屬得不到你起碼的信任，其精神狀態、工作幹勁會怎樣？假如你的公司職員情緒不佳，精神沉鬱，怨懟叢生，上下級關係怎麼能融洽？這種彼此生疑生怨的狀況，常是導致企業癱瘓的主要原因。

　　領導者信任下屬，實際上也是對下屬的愛護和支持。特別是對於擔當生產、銷售、試驗、拓展、探索者角色的下屬而言，容易受人非議、蒙受一些流言蜚語的攻擊，那些敢於直面領導錯誤，提建議、意見的，那些工作勤勉努力犯了錯誤並努力改正的，領導的信任是其最後的精神支柱，柱子倒了而房屋就會傾斜，在此種狀態下，領導者切不可輕易動搖對他們的信任。

　　值得注意的是，領導者對下屬信任的同時，對下屬一定要坦誠。如果出現變故及不利因素，有話要說的話當面說，不要在背後議論下屬的缺點，對下屬的誤解應該及時消除，以免積累成真，積重難返。有了錯誤要指出來，是幫助式的而不是指責式的。

　　信任，其實它是兩個彼此相處的人應該具有的一個基本的和必要的要素。兩個陌生的人在一起，會彼此防範，沒有什麼信任。而一旦人們通過某種管道互相認識熟悉後，彼此渴望的就是一種信任。互相

看不慣的人很難有信任可言，嫌隙的存在是關係惡化的開端，離自己越近越親的人，你應該給他越多的信任。

在一個企業裡，副經理、部門經理之於總經理，一般職員之於部門經理，可稱為手足或臂膀，理應得到很多的信任。如果你不給他們信任或給他們的信任不夠多，都會影響到他們的工作。

領導者要謹慎對待各方面的反映，不因少數人的流言蜚語而左右搖擺，不因下屬的小節而停止信任產生懷疑，更不應該捕風捉影、無端的懷疑。而且在信任的程度上，也應該是離自己最近的最親的，給他們以更多的信任，更廣泛的更高品質的信任，因為他們非常需要這一點。

才富
21 世紀最貴的資產是人才

第4章
讓受訓的人清楚，
他們的努力正在為公司提供幫助

其實每個人都想幫助別人，但是他們還想知道他們的行動是如何說明企業實現目標的。

—— 大衛·奧格威

1. 培訓下屬的基本方法和步驟

瞬息萬變的世界要求對員工的技能不斷進行提高,這是為迎接新的和更多的挑戰也關乎生存的一種必備要求。

1. 觀念和思維能力的開導和調查

通過對下屬觀念、態度、思維能力的開導與調整,可以協助部屬建立正確的價值體系,對於企業理念的維持、文化的延續,有較大的影響。

具體可參考以下步驟:

(1) 選擇情境。挑選啟發部屬的機會(事件、情況、環境),特別是與企業經營理念有違背的時機。

(2) 提出問題。必須使用開放式問題,例如你的想法是什麼?你認為何時處理最好?你覺得哪件事最重要,為什麼?

(3) 聆聽下屬的想法。讓部屬暢所欲言,多發表想法,這樣才有機會瞭解下屬的想法,進一步針對不足的、偏差的加以調整。

(4) 更深入地提出問題,聆聽下屬的想法。逐漸將問題加深、提高、拓寬、使下屬的想法得到鍛煉與挑戰,使其認識自己的不足,看到自身的限制,也借由對話的過程,發現自我,提高自我。

(5) 總結確認。讓下屬總結本次會談的重點與學到的觀念,並請下屬提出日後的做法要點。如果總結很全面,說的也到位,便及時給予鼓勵,如果還有欠缺,領導者可加以適當的補

充。

這個方法的要點在於用問和聽代替說教，因為部屬自己經過思考與表達的內容，比較深刻，也容易認同。

2. 業務技能的培訓

此方法可以協助下屬熟練技術，學習新技巧。

具體可參考以下步驟：

(1) 　說明。向學習者說明即將學習的事項、重要性、操作要點與步驟。

(2) 　示範。由指導者或示範人員親身操作。

(3) 　操作。讓學習者自己操作一次，並觀察其動作是否正確，是否依照規範操作。如果有誤，或是有錯誤，應該立即糾正，避免養成不良的習慣。

(4) 　邊做邊說。由學習者自己一邊操作一邊說明要點，此步驟的目的是確保學習者的想法與動作的一致性，並能掌握所有的要點。

(5) 　定期檢查。正確者予以鼓勵，有錯誤的要加以糾正。

業務技能培訓的成功要訣在於事前的準備，動作要加以分解標準化，如能編成口訣更佳，另外是一次一個動作，以便學習與觀察。善用此方法，可以讓部屬快速正確學會許多新的技能，對於快速變遷的環境，極具意義。

3. 提高下屬綜合素質與協調能力

為了完成大型、複雜、綜合多部門的任務，必須提高下屬綜合素質與協調能力。

具體可參考以下步驟：

(1) 選擇好項目。挑選需要下屬學習的專案。

(2) 進行準備工作。包括場地、資料、白板、投影儀、地圖或其他必要物品。

(3) 提出課題。例如新廠的建廠計畫，新年度的行銷策劃等，要求閱讀資料，研究情況。

(4) 討論與報告。根據提出的具體情況，深入研究，互相討論，並提出報告，此時指導者可以發佈新的情況或追問，以達到更深刻的培訓效果。

(5) 總結心得。以書面或口頭方式提出心得，並根據此次的演練做出總結與改善意見。

2. 教「漁」而不是教「魚」

在很多的公司和企業裡，有些管理者一聽培訓就搖頭：我都捨不得花錢給自己培訓，這麼奢侈的事，你還是推銷給那些有錢的大企業吧。

但其實中小型企業初期的培訓，一分錢都不用花，因為企業主自己就必須是訓練師，並且，上班的每一分鐘，和員工的每一次交談都可以當成一次培訓。只要你善於掌握，用不了多久，你會發現自己輕鬆了，也可以有更多的時間考慮更重要的問題了，例如公司的下一步發展計畫等。

然而，培訓完成後，你要讓受訓的人複述一遍並指正其中的錯誤點，直到受訓者能夠清晰、完整地複述你告訴他的內容為止。這是很重要的。

常識培訓應放在第一位。你必須告訴員工，在這個企業工作需要哪些常識。一些是關於企業內的，例如和他工作相關的上下游工作順序是誰在負責，他該如何和他們去交接，怎樣才算真正完成了一項工作，等等；另一些是企業外的，例如有一個顧客要郵購公司的某產品，是應該款到付貨呢，還是貨到付款，諸如此類。你可以把這類常識列一個清單，想清楚自己是怎樣應付這些類似的情況，然後分別告訴負責這些工作的人就可以了。

只要你堅持這樣做並隨時修正在工作中發現的問題，過不了多久，企業就會擁有一套比較完整的工作職責和工作流程了，也就會有更高的工作效率。

雖然，許多大企業擁有比較完善的新人入職培訓，但很大程度上

就是這樣的積累。並且,你的風格會在多次這樣的簡單培訓中潛移默化每一個員工,久而久之,就會形成一定的企業文化。常識培訓非常重要,因為當一個員工新進入一個企業時,面對完全陌生的環境,他肯定是手足無措。而常識培訓能幫助你的員工迅速進入到你所要求的工作狀態。

然後是建立共同願景。

「願景」這個詞的流行是在彼得‧聖吉的《第五項修煉》被廣泛推崇之後。意思是目標的圖形化和具體化。例如你想要幸福的生活,用願景來解析可能就是「有車、有房、有上百萬的存款、孩子上名牌學校」,等等。

當然,還可以更具體些,例如車子的品牌,房子位於哪裡,存款放在哪家銀行,孩子念哪所學校……越具體就越能引發你的慾望,越能驅使你奮鬥。

而最重要的,也就是說要持續進行的是技能培訓。作為企業的管理者,你可以把這件事情交給資深的員工去做,並為此支付額外的津貼。

千萬記住,任何人額外的付出都應該得到額外的回報,免費的東西並不可靠,例如免費電子郵箱。但你要制訂明確的標準,例如規定期限和效果。

3. 讓員工進行自我培訓

所謂自我培訓是指自己做自己的老師，自己給自己授課，對自己進行訓練，達到教與學的統一。其深層含義是在私人教練的親臨指導下，按照私人教練的一套方法對自己進行全面的訓練和包裝。這是一種流行於西方企業界高層管理人群中的一種訓練和培訓方式。

從實質上講，自我培訓是激勵員工的自我學習，自我追求，自我超越的動機。要想真正實現員工的自我培訓，企業必須做好各方面的準備，建立健全培訓激勵機制，從制度上對員工的自我培訓進行激勵。例如，對員工的技能改進、學業晉升實施獎勵，對技能水準達到一定高度的員工進行晉升，通過各種形式的競賽、活動，對員工進行確認和表揚等等。

雖說培訓對員工和企業發展都是非常必要的。但是，企業畢竟資源有限，整天忙於生產經營，能夠用於培訓員工的人員、時間、精力都非常有限，大部分企業所能夠組織的只是管理人員的培訓，甚至有些企業不具備培訓的能力，無力培訓員工。因而，讓員工進行自我培訓就顯得非常現實可行。

馬斯洛的人類需求理論指出，人的最高需求也就是需求金字塔的塔尖，是自我實現，也就是自我的管理。要想達到完全意義上的自我實現，就離不開每日的自我反省與自我激勵，只有每日堅持自我學習，堅持每日進步，每日修煉，才能不斷超越自我。在邁向成功的終極路途上抓住機遇，達到真正意義上的自我實現。

自我培訓的方法很多，企業員工可以根據自己的實際情況具體實施。

下面簡單介紹幾種方法，以供參考：

(1)　週末的員工課堂。一般企業的週六、周日是休息日，企業的
管理者可以專門拿出一天的時間，組織員工學習。學習的方
式很多，可以是員工就自己的本職工作談感受、談經驗。每
個人都是自己本職工作的專家，而往往自己的本職工作很少
被別人瞭解，這也是許多企業的弊病所在，這種交流就顯得
十分重要了。

(2)　鼓勵員工繼續深造。企業可以不失時機地出臺一些政策，鼓
勵員工繼續深造，對深造的成果進行獎勵，形成人人學習、
人人追求上進的良好氛圍。

(3)　積極利用互聯網。現今時代是一個資訊爆炸的時代，而互聯
網恰恰是資訊傳播最廣泛、最及時的一個媒介。企業所需要
的大量資訊都能很快速地從中獲取，如能很好地利用，將給
員工打開一扇通往資訊的門。

現實的情況是，很多的企業想方設法控制員工上網，能上網是員
工在企業裡身份的象徵，一般都是管理層才擁有上網的權利。普通員
工只能趁經理不在，匆匆登入，又匆匆刪掉，這種現象在很多的企業
裡都有。其實完全沒有必要，互聯網本身就是一個資訊共用、聯繫外
界的工具，只要企業採取適當的辦法，進行適當的引導，就能發揮互
聯網的強大優勢。

(4)　充分利用區域網。現階段，很多企業都設立了區域網，這是
一個很好的資訊分享的工具和平臺，它可以廣泛地收集各方
面的資訊，也鼓勵員工登陸區域網，閱讀和提供資訊。

區域網是企業資訊化發展的又一個強大的工作平臺，利用得好壞
在於企業是否正確引導，所以這也可以成為員工進行自我培訓的一種

方式。

(5) 鼓勵員工讀書學習。自我培訓除了私人教練外最好的老師就
是書籍了。讀書的過程就是和專家對話的過程，是與專家的
側面溝通，在這個溝通循環中，你花了時間與金錢購買了專
家的書籍並閱讀，你就購買了專家的知識和經驗。書中專家
會將自己的成功心得和做法向你娓娓道來，你只須閱讀並借
鑑切實可行的觀點和做法。

(6) 樹立好典型，引導超越。要樹立的典型是比一般員工做得優
秀的人，每個行業裡都有做得優秀的成功人士，都有專家，
這些人都是值得學習和追隨的。

只要是做得優秀的人，就要向他學習，不管最終結果如何，關鍵
在於超越的過程及過程的堅持。

(7) 堅持不懈，全面發展。堅持不懈，具有滴水穿石的韌勁；全
面發展，是以個人修養道德水準為基準向外發展。長期堅
持，必有所成。

4. 培養公司的核心力量

　　「培訓員工」是領導者的職責，然而許多老闆在這方面做得不夠好，一方面他們認為自己太忙，根本沒時間去培訓；另一方面他們在培訓員工方面毫無經驗，因此不知道該如何去培訓。

　　其實，「培訓員工」也不是一件很困難的事，下面提供幾條經驗，以資借鑑。

1. 培養「核心力量」的態度

　　對核心力量需要培養的事情之一，是培養他們樂於改善工作能力的態度。這裡的改善，是指為了要把他的工作做得更快、成本更便宜、方法更簡易等情況，而研究新方法的態度。

　　改善需要永遠堅持。雖然有些事情在表面上看起來是不可能改善的，但是事實上，這些事情一定仍有改善的餘地。認為沒有方法改善的，是因為在頭腦中有先入為主的成見。

　　有些「核心力量」認為工作做到一定程度，已沒有改進的餘地，長期下來，他們就會形成一種保守觀念，使他們自身的能力無法再提高。因此，有必要對這些「核心力量」進行培訓。

　　(1)　比較法。可以把完成同一件工作的幾種不同方法加以比較，選出最好的方法加以展示，讓員工意識到：自己的方法還有待改進。經常有意識地這麼做，對於改變員工的工作態度是有好處的。

　　(2)　不斷刺激員工改善的慾望。如果他想不出改善的方法，你要提出問題讓他想。而且，對所產生的改善方案，要認真地審

定，並朝著付諸實施的方向上努力。

2. 培養員工完成工作的獨立性

如果說培訓新進人員的基本方法是做給他看，那麼培養核心力量的基本方法是委派工作給他，讓他獨立完成。

完成工作需要一定的步驟與方法。如果領導者放手讓員工自己去完成分派給他們的任務，那麼，員工就會擺脫依賴性，獨立自主地研究問題、想辦法，這對員工的能力鍛鍊大有益處。

當然，為了防止意想不到的失敗，領導者可要求員工及時回饋情況，以便做好監督控制工作。

3. 培養員工的管理與組織能力

領導者需要副手或接班人，或者該部門需要管理人員，那麼領導者除了通過其他途徑選拔人才外，直接培養員工將是一個最為重要的途徑。

對核心力量，領導者除了交給他們一些具體業務去做，還需要適時地培養他們的管理與組織能力。這可以通過下面一些方式來實施。

(1)　領導團隊作戰。領導者對於要重點培養的對象，可讓他們具體負責某一項任務，這項任務需要他進行組織協調工作，由多人完成。

(2)　在職培訓。這可由領導者親自帶領或由有管理經驗的人帶領其做好某些管理工作，在實際操作中加以示範，讓其學習。同時，也可通過管理培訓班讓其學習管理工作。

4. 將自己的重要經驗傳授給員工

某大型企業的一位部門經理說：「我覺得我最用心的時期就

是當人事部科員的時候。那時的部長非常嚴苛，一直要我做沒有做過的工作，所以我只得不顧一切拼命地做。剛開始時覺得很吃力，心裡老想著他為什麼要我一個人做這麼艱苦的工作？

「現在回想起來，仍覺得自己對那時候的工作充滿自信，而且，對工作感興趣，也是從那裡工作第 4 年後半期開始的。雖然部長從來沒有褒揚過我，但是後來我調任別的部門時，就能駕輕就熟地做得很好。這使我非常欣慰，深感慶幸曾當過那位部長的員工。」

為某老闆服務時，須非常地用心，也非常地辛苦，但是，大部分的能力卻都是在那段時期培養出來的。雖然有些人認為自己是靠自己的能力，而得到現在的成就，但事實上，一定或多或少都會受到前輩有形無形的影響。

不管在什麼職位，都要把自己從前輩得到的恩惠，全部傳給晚輩；同時，也要把自己的重要經驗傳授給員工，並使他們充分理解。

如果各部門的全體成員，都把從前輩那裡所得到的恩賜，用各種不同的形式繼續傳給晚輩，那麼公司就能迅速地發展。而這種做法，才真正是培養公司骨幹的根本。

5. 對員工進行拓展訓練

　　隨著資訊時代和新經濟時代的到來，拓展培訓也逐漸開始風靡世界。與傳統的知識培訓和技能培訓不同，拓展培訓主要是在青山綠水間，通過野外拓展，加強員工與企業的溝通與信任，營造良好的團隊氛圍，挖掘員工潛力，鍛鍊團隊精神，提高企業核心競爭力。

　　拓展訓練起源於 20 世紀 40 年代的英國。當時，許多英國軍艦在遭到德國潛艇襲擊後沉沒了，大批水兵因此喪生。但總有少數人能在災難中倖存下來。後來人們發現，這些倖存者並不是體能最好的人，而是求生意志最強的人。他們頑強抗爭，堅持到最後。正因如此，他們終於活到了獲救的那一刻。於是拓展訓練的獨特創意和訓練方式逐漸被推廣開來，訓練物件也由最初的海員擴大到軍人、學生、工商業人員等各類群體。訓練目標也由單純的體能、生存訓練擴展到心理訓練、人格訓練、管理訓練等。

　　近年來，拓展訓練開始在我國流行開來，尤其是那些平時工作壓力大、知識密集型的高科技企業，都競相組織員工到野外參加這種拓展式培訓，既讓員工在緊張的工作之餘享受野外清新的陽光和空氣，又利用這種拓展培訓加強了員工之間的溝通和合作。時下，拓展訓練主要是利用崇山峻嶺、浩瀚大川等自然環境，通過各種精心設計的活動，在解決問題、接受挑戰的過程中，使學員達到「磨練意志、陶冶情操、完善人格、熔煉團隊」的培訓目的，是一種現代人和現代組織全心的學習、鍛煉方式。

　　拓展訓練的課程主要由水上、野外和場地 3 類組成：

　　●水上課程包括：游泳、跳水、扎筏、划艇等；

●野外課程包括：遠足露營、登山攀岩、野外定向、傘翼滑翔、戶外生存技能等；

●場地課程是在專門的訓練場地上，利用各種訓練設施，如高架繩網等，開展各種團隊組合課程及攀岩、跳躍等訓練活動。

拓展訓練的目的是通過一系列室內、戶外活動和遊戲等課程，對問題進行分析與探討，最後解決問題，以激發個人潛能、建立相互信任、塑造高績效團隊。

現在戶外拓展培訓在國際上被廣泛地運用在企業、團隊的高績效團隊建設中。

高績效團隊具有以下 8 個基本特徵：

① 明確的目標，團隊成員清楚地瞭解所要達到的目標，以及目標所包含的重大現實意義；

② 相關的技能，團隊成員具備實現目標所需的基本技能，並且能夠良好合作；

③ 相互間信任，每個人對團隊內其他人的品行和能力都深信不疑；

④ 共同的諾言，這是團隊成員對完成目標的奉獻精神；

⑤ 良好的溝通，團隊成員間擁有暢通的資訊交流；

⑥ 談判的技能，高效的團隊內部成員間角色是經常發生變化的，這要求團隊成員具有充分的談判技能；

⑦ 合適的領導，高效團隊的領導往往擔任的是教練或後盾的作用，他們對團隊提供指導和支持，而不是試圖去控制下屬；

⑧ 內部與外部的支援，既包括內部合理的基礎結構，也包括外部給予必要的資源條件。

這是彰顯個性的時代，這又是需要團結協作的社會。通過拓展訓

練，大家相互信任和鼓勵，沒有個人英雄主義，只有團隊的勝利。「當所有隊友把手放在我的肩上之時，使人感覺到青春的熱血在心中澎湃，自己的能力一次次得到完美展現。」

而培訓師對人生的精彩詮釋則被深深銘記在內心深處。

6. 區別對待不同職位的培訓

在一個企業或公司中，由於各類人員的工作性質和要求各有其獨特性，因而對這些不同類別的人員的培訓，在培訓專案的安排上就有其獨特性，應該區別對待。

首先說一般員工，他們是企業或公司的主體，他們直接執行生產任務，完成具體性工作。對一般員工的培訓是依據工作說明書和工作規範的要求，明確權責界限，掌握必要的工作技能，以求能夠按時有效地完成本職工作。

在管理人員培訓新員工的過程中，可能會犯一些什麼錯誤呢？

第一個錯誤就是相信這件工作簡單無比，你僅僅示範一下別人就能很快掌握了。如果你這樣想，那就大錯特錯了。要知道，那些對你而言輕而易舉的事情，對第一次嘗試做它的人來說，也許是相當困難的，甚至在你教一個曾經做過這項工作的人的時候，他們掌握起來也不如你想像的那麼快。

第二個容易犯的錯誤就是一次給人灌輸的東西太多，使他們消化不了。大多數人一次只能消化 3 個不同的工作步驟或指示，因此，在你接下去講述之前，要確認員工們是否已經掌握了前 3 個步驟。不要顯得緊張、焦急或不耐煩，這樣有助於緩解員工的緊張情緒。如果有人犯了錯，千萬別說，「我剛才示範給你看了該怎麼做的」，而應該說：「開始的時候是容易出錯。別急，試試再做一次看看，熟練就好了。」

其實，學習是件很容易讓人疲倦的事，所以，即使你自己還沒感覺到已經教累了，也應該考慮員工們也許已經是精疲力竭了。你應該

在培訓過程中，做到「學逸結合」，保證員工們有充足的休息時間。

　　然後說一說針對企業或公司中基層管理人員的培訓。基層管理人員在公司或企業中處於一個比較特殊的位置：他們既要代表公司的利益，同時也要代表下屬職工的利益，所以很容易發生矛盾。如果基層管理人員沒有必要的工作技術，工作就會難以發展。

　　大多數基層管理人員過去都是從事業務性、事務性工作，沒有管理經驗，因此當他們進入基層管理人員的職位後，就必須通過培訓以使他們儘快掌握必要的管理技能，明確自己的新職責，改變自己的工作觀念，熟悉新的工作環境和習慣新的工作程式和方式。

　　最後說一下針對企業或公司高層管理人員的培訓。他們的職責是對整個企業或公司的經營管理全面負責，因此企業或公司高層管理者的知識、能力和態度對公司經營成敗關係非常大。從這個意義來說，公司或企業高層管理者更有必要參加培訓。絕大多數企業或公司的高層管理者都有豐富的經驗和傑出的才能。

　　企業或公司的高層管理者的培訓要達到以下的目的：

●教會經理有效地運用他們的經驗，發揮他們的才能；

●幫助經理及時掌握公司外部環境、內部條件的變化；

●組織經理學習政府的政策法規；

●幫助經理瞭解政治、經濟、技術發展的大趨勢等；

●幫助經理掌握一些必備的基本技能，如處理人際關係、主持會議、分權、談話等方面的技能。

　　對新上任的經理人員，應幫助他們迅速瞭解公司的經營戰略、方針、目標、公司內外關係等等，以使他們儘快適應新的工作。

　　要想取得好的培訓效果，必須要對不同層次、不同類型的人才區別對待。

7. 培訓也要講究一些原則

據一項權威調查顯示：一般跨國公司的培訓費用是其營業收入的 2%-5%，而愛立信的培訓投資在這些跨國公司中位居前列。

在愛立信，接受培訓的員工不是以「新」、「老」來劃分，而是以崗位職務來劃分為管理人員和專業人員。

專業人員又分為兩類：技術人員和職能部門的職員。技術人員一般為售前、售後工程師以及研發工程師；職能部門職員一般為財務會計、行政秘書、人事職員等。愛立信也把這部分員工劃分在專業職員的隊伍中。

當然，這些員工中有「新手」也有「老手」，但培訓不以這個標準來劃分，在培訓面前只有「通訊兵」和「坦克兵」的區別，而沒有「新兵」和「老兵」之分。

作為現代組織的管理者，應該瞭解企業培訓中應遵循的原則。

(1)　參與原則。行動在培訓過程中是基本的，假如受訓者只保持一種靜止的消極狀態，就不可能達到培訓的目的。

為調動員工接受培訓的積極性，日本一些企業採用「自我申請」制度，定期填寫申請表，主要反應員工過去5年內的能力提高、發揮情況，今後5年的發展方向及對個人能力發展的自我設計；然後由上級針對員工申請與員工面談，互相溝通思想、統一看法；最後由上級在員工申請表上填寫意見後，報人事部門存入人事資訊庫，作為以後制訂員工培訓計畫的依據。

而且，這種制度有很重要的心理作用，它使員工意識到個人對工作的「自主性」和對於企業的主人翁地位，疏通了上下級之間

交流的管道，更有利於促進提高團隊協作能力。

(2) 　激勵原則。真正想學習的人才會學習，這種學習願望被稱為動機。一般而言，動機多來自於需要。所以在培訓過程中，就可應用種種激勵方法，使受訓者在學習過程中，因需要而產生學習的動機。

(3) 　實用原則。對企業員工的培訓與普通教育的根本區別在於員工培訓特別強調針對性、實踐性。

企業發展需要什麼、員工缺什麼就培訓什麼；要努力克服脫離實際、向學歷教育靠攏的傾向；不搞形式主義的培訓，而要講求實效、學以致用。

(4) 　因人施教原則。企業不僅崗位繁多，員工水準參差不齊，而且員工在人格、智力、興趣、經驗和技能方面，均存在個別差異。所以，對擔任工作所需具備的各種條件，各員工所具備的與未具備的亦有不同，對這種已經具備與未具備的條件的差異，在實行訓練時應該予以重視。

可見，企業進行培訓時應因人而異，不能採用普通教育「齊步走」的方式培訓員工。也就是說，要根據不同的物件選擇不同的培訓內容和培訓方式，有的甚至要針對個人制訂培訓發展計畫。

(5) 　瞭解並理解別人的工作。愛立信的培訓更多的在於管理技能方面，而不僅僅是在專業技術方面。

其培訓目前大概分為 3 到 4 個層次，最低一個層次是基本技能培訓。所謂基本技能培訓，並非技術培訓，而是部分工種的統一培訓。

這類培訓主要培養員工的學習能力。基本技能培訓主要包括溝通能力、創造性解決問題的能力以及基本知識等幾方面。基本知識不僅僅限於工作範疇，而且還包括商業經營的基礎內容。例如，在有些公

司，技術人員無須瞭解財務和企業運作方面的知識，而在愛立信，每個接受基本技能培訓的員工都有這門課程的學習。

在愛立信看來，技術人員也須知道「公司的錢從哪裡來」，當然，財務人員也有必要知道「GSM」和「WAP」。愛立信要求員工知識的全面性，目的在於其對工作流程的瞭解和對他人工作的支持和配合。

(6)　更好地瞭解自己。愛立信的基本技能培訓適用於全體員工，在此基礎上是提高專業能力的專業培訓，在專業培訓上面是領導能力的培訓，當然，這二者之間會有一些涵蓋。

領導能力的培訓目的通常有兩個：

一是通過他們來加強公司的企業文化並使公司的戰略決策能夠有效得到傳達；

二是讓他們更多瞭解自己的個性並形成與之「匹配」的領導風格和領導藝術，從而揚長避短，提高領導能力。大多數時候，這種領導能力的培訓甚至會細分到針對個別經理人而採用不同的培養方式。

8. 培訓一定要做到位

隨著企業間競爭激烈的程度越來越大，企業壓力也越來越大，在這種情況下，越來越多的中國企業開始重視培訓，越來越多的員工把公司提供的培訓當作自己選擇企業的標準。

但是，也有越來越多的公司或企業發現他們的培訓效果不大，員工苦不堪言。

●是誰造成了這一切？

●是企業不知道怎樣調查員工的需求？

●是企業沒有優秀的培訓師？

●是企業沒有優秀的人力資源工作者？

這種現象存在於大多數企業中，過去那種脫離工作環境的各種「自我激勵」、「成功學」、「潛力開發」或是各種各樣的培訓都是分割的、零碎的、與員工實際環境相脫離的，是不可能真正起到塑造員工的作用的。員工即使進步再大，也還要回到這個環境裡來，試問如何出淤泥而不染？他又能改變多少環境呢？這種塑造使員工感到受挫，反過來也妨礙企業深刻認識和改變環境。總以為員工不可造就或沒找到合適的課程。其實，一個員工 70% 能力的釋放都依賴於他所處的環境。

由此可見，塑造環境比單純的塑造員工要顯得重要得多。

在實際工作中，有的管理者讓員工相互間不斷學習，他們認為這樣就會共同進步。但是，過去安排相當數量的培訓，卻看不出效果，為什麼呢？員工有各自的思考方法、認知模型，有不同的專攻方向，所以大多數的員工在思考方式和模式的基礎層面上就存在著巨大差異，其實應該有一個平臺來進行相互參照和無障礙的溝通。這種差異

導致員工沒法發現：我和別人究竟差在哪裡？我可以向他學習什麼？這當然無法突破自我瓶頸，更談不上彼此學習了。

以往的培訓是基於知識上的學習，而不是對知識的整合及運用。我們獲得的多是知道很多片段知識的員工，而不是系統完備、可以自我發展的員工。這樣的群體其實是無法重新組合彼此的知識，也是無法互相學習的。因此說，脫離知識平臺和系統認識的相互學習，是把90% 的力量放到 10% 的因素上去了，成為精力和金錢的虧損之源。

另外需要指出的是，不斷培訓新知識，以為這樣就會塑造優秀員工和全新的工作方式。這也是一個誤區。

以往培訓的重點一直是彌補員工知識的不足，事實上，在現代企業裡 95% 的工作利用舊有知識即可完成，只有 5% 的工作需要與新知識結合。大多數的員工在怎樣將他的舊有知識與新知識之間進行組合、怎樣將新知識轉化為實際的運用上碰到了瓶頸。而我們依然故我地給他們灌輸我們指定的新知識，卻不考慮新舊知識的轉化和他們在實踐中的應用能力。這種培訓不但沒好處，反而給管理者一種錯覺：在給予員工足夠的力量和關注後，剩下的要靠他們自己了。

切記：有了卻起不到作用，比沒有可怕 10 倍。因為你會被麻痺，以為培訓已經告訴了他們一切。這是大錯特錯的。

9. 一定要鞏固培訓的效果

　　企業培訓員工的目的在於改變員工的思維方式和行為習慣，提高組織績效，建立企業競爭優勢。但真正影響培訓和開發效果的人不是培訓人員，而是受訓人員的直線管理者。如果他們沒有這方面的意識和技能，培訓與開發的措施往往就會落空。

　　為了鞏固培訓效果，管理者可借鑑採取以下方法。

　　(1)　建立學習小組。無論是從學習的規律還是從轉移的過程來看，重複學習都有助於受訓者掌握培訓中所學的知識和技能；對某些崗位要求的基本技能和關鍵技能則要進行過渡學習，如緊急處理危險事件的程序等。

　　另外，建立學習小組也有助於學員之間的相互幫助、相互激勵、相互監督。理想的狀態是同一部門的同一工作組的人員參加同一培訓後成立小組，並和培訓師保持聯繫，定期複習，這樣就能改變整個部門或小組的行為模式，培訓人員可為小組準備一些相關的複習資料。

　　(2)　制訂行動計畫。在培訓課程結束時可要求受訓者制訂行動計畫，明確行動目標，確保回到工作崗位上能夠不斷地應用新學習的技能。為了確保行動計畫有效執行，參加者的上級應提供支持和監督。

　　一種有效的方法是將行動計畫寫成合約，雙方定期回顧計畫的執行情況。培訓人員也可參與行動計畫的執行，給予一定的輔導。

　　(3)　實施多階段培訓方案。多階段的培訓方案經過系統設計分段實施，每個階段結束後，給受訓者佈置作業，要求他們應用課程中所學技能，並在下一階段將運用過程中的成功經驗與

其他受訓者分享。在完全掌握此階段的內容後，進入下一階段的學習。

這種培訓方法較適合管理培訓。由於此種方法歷時較長，易受干擾，故需和受訓者的上級共同設計，以獲得上級支持。

(4)　利用表單。利用表單是將培訓中的程式、步驟和方法等內容用表單的形式提煉出來，便於受訓人員在工作中的應用，如查核表、程式單。受訓者可以利用它們進行自我指導，養成利用表單的習慣後，就能正確地應用所學的內容。

為防止受訓者中途懈怠，可由其上級或培訓人員定期檢查或抽查。此類方法較適合技能類的培訓專案。

(5)　營造有利於培訓的工作環境或氛圍。許多企業的培訓沒有產生效果，往往是缺乏可應用的工作環境或氛圍，使學習的內容無法進行轉移。缺乏上級和同事的支援，受訓者改變工作行為的意圖是不會成功的。

有效的途徑是由高層在企業內長期宣導學習，將培訓的責任歸於一線的管理者，而不僅僅是培訓部門。短期內可建立制度，將培訓納入考核中去，使所有的管理者有培訓下屬的責任，並在自己部門中建立一對一的輔導關係，保證受訓者將所學的知識應用到實際的工作環境中。

第5章

讓每一個人都知道，
最好的構想即將勝出

　　你能夠激勵他人提出新構想，做出新成績，只要你向他們表示祝賀，獎勵那些提出它們的人。如果人們都知道你將實施最好的構想，他們將更為主動地發表意見。

—— 彼得·杜拉克

1. 用口號給人以希望

　　所謂口號是為達到一定目的，實現某種任務而提出的，有動員、鼓動作用的，簡練而明確的語言表述。口號的作用很大，在現實社會中，無論什麼組織都離不開它。它是一種目標的標定，一種行動的動員，一種鼓舞的力量。它對動員群眾、昇華情感、統一認識、規範行動確實起著很大的作用。

1. 口號的 3 種類別

（1）　宣傳口號。宣傳口號有兩類：一是綱領性的，或稱戰略性的口號。這是一種起長期作用、帶有根本性的指導意義口號。例如某些城市的「科技興市」等。

　　二是階段性的，或稱戰役性的口號。這是一種為某一階段具體任務或為某一項具體任務服務的口號。如某企業提出來的年度口號「全廠齊動員，保證任務完，突破一億五，人均五千五」。

（2）　鼓動口號。這是一種策略性口號，目的是激發人的心理和精神，且是我們經常採用的。例如日本某企業的「把乾毛巾再擰出一把水來」。

（3）　行動口號。也可稱之為戰術性口號，並不是只為哪一項任務服務，而是帶有指導性的、原則性的口號。例如說「不打無準備之仗，不打無把握之仗」等。

2. 制訂口號的根據

　　應該說，有 3 個依據：

（1）　形勢的要求。就是說，企業適時地提出適當的口號，只有這

樣才能為企業的工作增強力度。這裡「適時」是很重要的，只有適時、找到火候才能把員工的熱情激發出來。

(2) 員工的要求。員工有了某種要求，要求領導者把員工的要求、意願引導到某種方向上去，這時，領導者就應該順應這種要求，把適當的口號提出來。

(3) 任務的要求。無論是長期的、短期的任務，只要任務已經明確，就應該提出適當的口號，加以標定、加以規範、加以引導。

3. 制訂口號的要求

(1) 口號表述的要求。

● 一是簡短、明確、通俗、警醒，有理性，有氣勢。例如，「有路必有豐田車」。

● 二是符合大多數人的利益和要求。這是使大多數接受的一個前提條件。例如，世界環保日提出來的「人類只有一個地球」。

● 三是能融會貫通大多數人的心理。就是要人們容易接受。例如邱吉爾在二次大戰人民處在危亡時提出來「熱血、勞苦、熱淚和汗水」。

(2) 善於把流行語言變成口號。

流行語言很容易被人接受，而且往往有很深切的哲理。就是說，既通俗又明理，非常利於口號的流行和擴展，是很好的口號素材。

要注意剔除流行語言中俗而不雅的成分，這是很有學問的。這一類口號，有些比較好，如「領導不領，水牛掉井」等。

（3）及時進行口號轉換。這裡有 3 個意思。

● 一是適時地把鼓動口號變成行動口號。

就是說，當人們已經被鼓動起來時，就要及時地提出行動口號，把動員變成行動。

● 二是適時地把行動口號變成具體的指示、指令。

這便是任務的落實，落實到具體的實施措施裡面去。

● 三是適時地停止使用不能再使用的口號。

事情總是向前發展的，但人的觀念卻常常跟不上發展的形勢。例如前幾年喊得很大聲的「時間就是金錢，效率就是生命」，提出來的時候確是起到了一定的激勵作用，但這個口號不適合市場經濟的內在要求，因為效率不解決根本問題，在市場中選擇正確的方向才是企業的真正生命。於是人們自然地拋棄了它。

2. 柔性激勵，感情投資

作為管理者，都會希望下屬對自己盡心盡力盡職盡責地努力工作。因為只有做到這一點，才能證明自己的管理是成功的，自己是一個成功的管理者。

然而，並不是每位管理者都能實現這一目標，恰恰相反，成功的管理者往往只是少數人。在這裡，決定成功與失敗的關鍵因素，就是管理者採取什麼樣的管理方式，運用什麼樣的管理方法，這向來是管理學者們所討論的一大重點問題。

自從管理學誕生之後，許多管理學派相繼登臺亮相。從廣義的範圍看，人們研究管理學的目的是為了社會和文明的進步，為了人類的生存和發展；從狹義的範圍看，則是追求最大的和諧與效益，為了提高本機構、本單位的工作效率。正是在這種目的的驅使下，當今人類對管理的研究投入了極大的精力，提出了多種多樣的管理理論，當這些理論投入實踐中運用後，人們發現，無論是哪一種管理理論，都存在著許多的缺陷，沒有一種可以完全實現管理的目的。

但隨著時間的發展，管理學理論正不斷推陳出新，以發展「精神生產力」為目的的「人本管理」，越來越被提到重要的議事日程上來，以至於美國人把「開發人力心理資源」列為 21 世紀的前沿課題加以研究，日本和其他許多發達國家也在這方面傾注了大量的人力、物力、財力，展開潛心研究。這種以發展「精神生產力」的「人本管理」，實際上就是當今某些國內管理者稱為「柔性管理」的管理理論。

「柔性管理」的基本原則包括：內在重於外在，心理重於物理，肯定重於否定，感情交流重於紀律改革，以感情馭人重於以權壓人。這些原則中所體現的魅力，集中到一點，就是以看重感情投資、通過感情投資達到管理的目的。

古往今來，凡是想成就大事的人，都不能少了「人才」這一條。「事業者，人也」，沒有人，就不會有事業；沒有人才，更無法成就事業。

古人雲：「得人心者得天下。」事實上，不僅想「得天下」的領導需要得人心，就是一些想在其他方面有所得的領導，也必須做到得人心才可以。可是，俗語又說：「人心隔肚皮」，這句話的意思就是真正得到人心又談何容易呢？

話雖如此，但只要管理者善於運用感情投資這一方式，想得人心也並不是件困難的事。

有不少管理者常常會發出這樣的感慨：真是時運不濟，物色不到合適的人才，手下人一個個幾乎都是「低能」，工作起來不僅毫無生氣，而且毫無創意……

這種看法有以偏概全的嫌疑，不能說明事實的全部。事實是任何管理者的下屬不會全是「低能」者，其中必然有出類拔萃的人。這是因為下屬的能力不可能一下子全部顯現出來，而是需要一個有逐步發揮的過程，這一過程是否會出現，取決於領導是否對他們進行了卓有成效的感情投資。

可以肯定地說，下屬的能力大小與領導對他們的感情投資多少是成正比的。這是因為：

首先，管理者對下屬的感情投資可以有效激發下屬潛在的能力，使下屬產生強大的使命感與奉獻精神。

得到了管理者的感情投資的下屬，在內心深處會升騰起強烈的責

任心，認為管理者對自己有知遇之恩，因而「知恩圖報」，願意更盡心盡力地工作。

其次，管理者對下屬的感情投資，會使下屬產生「歸屬感」，而這種「歸屬感」，正是下屬願意充分發揮自己能力的重要源泉之一。

任何人都不希望被排斥在領導的視線之外，更不希望自己有朝一日會成為被炒的對象，如果得到了來自領導的感情投資，下屬的心理無疑會安穩、平靜得多，所以便更願意付出自己的力量與智慧。

第三，管理者對下屬的感情投資，可以有效激發下屬的開拓意識和創新精神，鼓起勇氣，一往無前。

人的創新精神的發揮是有條件的，當人們心中存有疑慮時，便不敢創新，而是抱著「寧可不做，也不可做錯」的心理，成天摸魚，只求把份內的工作做好就行了。

如果管理者能夠對下屬進行感情投資，越建立充分的信任感，親密感，就會越有效地消除下屬心中的各種疑慮和擔心，從而更願意把自己各方面的潛能都發揮出來。

3. 重賞業績出色的員工

有戰略眼光的成功老闆為了激勵員工常常會採取重賞有功者的辦法。這和一般的加薪獎勵不同。因為通常能用來加薪的，都是微不足道的小錢。而重則可能使公司的事業有一個突飛猛進的發展或獲得巨大效益，也有助於出類拔萃的優秀人才脫穎而出。

美國玫琳凱化妝品公司的女老闆玫琳凱為了推動她的銷售人員搞好銷售，她將粉紅色「凱迪拉克」轎車和鑲鑽石的金黃蜂作為公司獨特的獎勵手段。她規定：凡連續 3 個月、每個月銷售出 3000 美元產品的銷售員，可以獲得一輛乳白色的「奧茲莫比爾」轎車。諸如此類的獎品隨著銷售產量的增加而逐級增加，一直到第二等獎品，就是粉紅的「凱迪拉克」轎車一輛，並且在隆重的「美國小姐」加冕儀式上頒發。而頭獎則是一個鑲著鑽石的黃金制做的黃蜂。

對此，玫琳凱解釋說：「蜜蜂應該是不能夠飛的，因為身體太重，翅膀飛不起來，但是黃蜂卻不是這樣，它可以飛得很好。」

這些獎勵，是真正的大獎，它不但價值連城，而且與崇高的榮譽連在一起，這無疑大大刺激了推銷員的積極性。

玫琳凱的這種獎勵方式來自於她在史坦萊公司工作時的一段經歷。那時，有些女推銷員工作非常出色，因此獲得「銷售皇后」的獎勵。玫琳凱借了十二美元前往達拉斯參加年會，去向當年的「銷售皇后」請教她的推銷之道。她發誓第二年也要贏得獎賞，這個目的她達到了，可是獎品卻只是一個誘魚用的水中手電筒，對她沒任何用處，令她啼笑皆非。

玫琳凱由此認識到在她的公司裡，獎勵絕不能馬虎了事，必須能真心體現出優秀銷售員的自身價值。她是個富於想像力的人，於是就有了粉紅色「凱迪拉克」和金黃蜂的獎賞出現。

在現代經濟社會中，成功的老闆將會把重賞與對「勇夫」的尊重緊密結合起來，使真正有才能的人在工作中實現他自身的價值，從而也鼓舞其他的員工起而效仿，形成人人爭上游的競爭局面。

領導者在使用人才方面需要胸懷，即應鼓勵人才嶄露頭角和脫穎而出，而不是壓抑有能力的人才，更不是排斥打擊有才華、能夠做出一番成就的人才。所謂嶄露頭角和脫穎而出，就是指一些人才由於他的才智，更由於他的勤奮工作，在工作中做出重大的成就或突出的貢獻。人才嶄露頭角很不容易，其成就都是辛勤勞動的結晶。當然，嶄露頭角的人才都有其「才智」作為基礎，但是，僅靠其基礎是不行的，更需要辛勤的勞動。

對於靠辛勤勞動所贏得突出成就的出色人才，領導者首先要理解他、關心他，應有寬闊的胸懷，為他們的成就而高興。

有些領導者，往往做不到這一點，人家一嶄露頭角，他就感到不舒服，進而採取壓制、排斥的手段。有這樣的廠長：「沒人才時想人才，請來人才怕人才，人才如果超過自己，就想辦法壓制人才。」這種做法，是領導者用人大忌。人才嶄露頭角，是來之不易的。在一些風氣不正的組織和部門中，嶄露頭角等於冒險。出色人才最易遭受嫉妒、誹謗、攻擊和污蔑。

由於嶄露頭角者在人數上居少數，在精力上一心撲在工作上，無暇顧及「自衛」和「反擊」，因而他們最易被「小人」和「庸才」掀起的輿論惡浪所吞沒。如果聽任這種「掐尖」的惡習和歪風蔓延開來，企業就難以成功。

鼓勵嶄露頭角的最好辦法，除了口頭表揚外，還要給嶄露頭角者職務、工資等物質上、精神上的適度獎勵。獎勵出色人才，就等於為廣大員工樹立了榜樣。高明的領導者，不僅深知鼓勵嶄露頭角的巨大激勵作用，而且還善於掌握鼓勵的時機、分寸、範圍。

鼓勵嶄露頭角是一種重要的用才藝術，在具有敢於鼓勵嶄露頭角的領導者周圍，總是聚集著一批「高勢能」拔尖人才，他們始終樂意為領導者和企業盡心盡力。

4. 運用具有巨大影響力的榮譽激勵

激勵，在實際工作當中可以表現出多種形式。當然，最好的形式即是受到整個組織、部門的認可，得到他們的承認。這種激勵的力量是巨大的。

當然，激勵並非一定要物質獎勵或者提拔他們到領導崗位。你可以採用一些其他手段和方式。

美國的員額有限公司是一家蓬勃發展的公司。這個公司辦有一份深受員工歡迎的刊物《喝彩‧喝彩》。《喝彩‧喝彩》每月都要通過提名和刊登照片對工作出色的員工進行表揚。

該公司每年都舉行新穎別致的慶功會。受表彰的員工於每年 8 月來到科羅拉多州的維爾，在熱烈的氣氛中，100 名受表彰的員工坐著架空滑車來到山頂，領獎儀式在山頂舉行，慶功會簡直就是一次狂歡慶典。然後，在整個公司中播放攝影師從頭到尾拍下的慶功會全過程。工作出色的員工是這種歡迎、開心和熱鬧的場面中的中心人物，他們受到大家的喝彩，從而也激勵和鼓舞全體員工積極而努力工作。

美國一家紡織廠激勵員工的方式也很獨特。這家工廠原來準備給女工買些價錢較貴的椅子放在工作臺旁休息用。後來，老闆想出了一個新花樣：規定如果有人超過了每小時的生產定額，則在一個月裡她將贏得椅子。獎勵椅子的方式也很特別：工廠老闆將椅子拿到辦公室，請贏得椅子的女工進來坐在椅子上，然後，在大家的掌聲中，老闆將她推回車間。這種方式也使該公司員工在工作中努力表現，奮發向上。

　　上述這兩家企業能注重運用榮譽激勵的方式，進一步激發員工的工作熱情、創造性和革新精神，從而大大提高了工作的績效。

　　榮譽激勵，這是根據人們希望得到社會或集體尊重的心理需要，對於那些為社會、為集體、為企業作出突出貢獻的人，給予一定的榮譽，並將這種榮譽以特定的形式固定下來。這既可以使榮譽獲得者經常以這種榮譽鞭策自己，又可以為其他人樹立學習的榜樣和奮鬥的目標。因而榮譽激勵具有巨大的社會感召力和影響力，能使企業具有凝聚力、向心力。

　　自古至今，凡是有作為的領導者無不善於運用這種手段激發其部屬的工作熱情和鬥志，為實現特定的目標而作出自己的貢獻。

5. 溝通可以達到相互理解

在企業或公司中，很多職員自願離職的原因並非激勵機制的不妥或個人發展的機會有限，大多數員工離開公司是因為另外一個原因：和老闆不能保持滿意的關係。員工的職位如果得到了晉升，他們會很高興，但這種機會對他們來說並不多。員工留在公司時間的長短很大程度上取決於他和經理的關係好壞。

員工不是離開公司，他們是離開原來的老闆。一個靈活、有魅力、善於觀察與傾聽的經理具有良好的人際關係，可以吸引他的員工在他的身邊。

摩托羅拉公司很大的優勢是它的企業文化。高爾文家族在某個階段也許會放棄一些業務，但他們從不放棄凝聚全球的員工，在溝通上做得非常好，令員工感到彼此之間像朋友。公司總裁每週都會發一封信給員工，把他這一周會見的客戶告訴員工，其中包括他這一周帶孩子去釣魚這樣的事；信中還一再提出希望員工關心家庭等等。他把自身的經驗寫給員工，他不是以高高在上的口氣與員工對話，他也是一個普通的人。有些美國企業家創業後就不再做事了，高爾文家族也可以這樣，但他們熱愛這個企業，他們希望作為全球性的領導人去很好地推動工作。

為了推動「肯定個人尊嚴」的活動，他們每季度都要問員工 6 個問題：

①你覺得自己的工作有沒有意義？你的工作是否讓客戶滿意？

②你在工作中是否瞭解成功的因素，包括自己的定位等？

③有沒有得到培訓？

④你有沒有職業發展目標？

⑤上級或下級對你是否有回饋，你從中有沒有收穫？

⑥工作環境中是否有其他的因素阻礙你的上升發展，如男女平等、宗教信仰等。

這 6 個問題可以體現出摩托羅拉內部強烈的溝通，而且這種溝通會讓你感到公司為員工做了很多，作為一個員工應該去回報，而不是說來打工，應該說這算是生活的一部分。

在企業內部，通暢的資訊流動管道也是促進溝通的積極因素之一。在獲取資訊的有效方式上有多種選擇，工作報告、專案總結、團隊活動、專門的佈告欄都能促進資訊流通，資訊從一個人傳遞到另一個人，從一個部門傳遞到另一個部門，其主旨是為了要求每個人強調投入一定的時間和精力以保證知道彼此在進行的工作。在資訊傳遞過程中，要特別注意向相關邊緣的工作人員的資訊傳達，通過彼此的解釋，達到真正的理解。

現在大多數公司都進行了局域網的建設，先進的網路資源為公司間的溝通提供了更為便利優越的條件。試想一下，你有一個好的想法，組織專門的討論會可能會非常繁瑣，要找到相關人員，還要定一個大家有空的時間，但如果你換一種資訊交流的方式，在公司 BBS 上發佈一個帖子，讓大家對你的想法進行公開的討論，可能會取得更好的效果。如果你對你的上司有小小的建議或是申訴一下自己的委屈，那麼 E-mail 的快捷與隱秘可以幫助你更好的達到自己的目的，起碼可以給上司留個面子。

當然，如果你是經理，對於員工工作的不到位，用 E-mail 進行提醒也會起到很好的效果。

雖然在公司或企業中有各種各樣的會議，但多數的會議都是就某

項工作進行的，而專門解決公司溝通問題的會議往往被大家所忽視。每個員工都有參與意識，即使對非本職工作的公司事務，也都有自己的意見或想法，提供一個機會，讓大家去互相瞭解，對於公司的內部建設會起到事半功倍的效果。每個人都會覺得自己是公司的主人，大大激發了員工的歸屬感與自豪感。

這樣的會議可以定期舉行，半年、一個月或者兩個星期一次，你可以自由選擇；形式上也不必像工作會議那樣正式，可以選擇在室外或俱樂部進行。要強調的是，這樣的會議對於增進彼此間關係和瞭解是非常必要的。

在公司上下級的溝通、交流中，國內的許多公司都設立了專門的所謂「接待日」。但僅僅是固定時間的例如一週一次的接待日是遠遠不夠的。開明的管理者應隨時允許員工打開你的門，進行非業務的交流。有的經理覺得這樣會浪費很多時間，其實不然。每個員工進入到經理辦公室之前都已考慮再三，選擇這樣的解決管道其實是最簡捷有效的，因為這些問題都是其他部門解決不了的。直接的綠色通道避免了不必要的繁瑣，而且表現出經理真誠的一面，而這種真誠得到的回報其實也是同樣的真誠。真誠才能獲得人心，才能對公司發展有利。

你可以走進他們中間，走到員工工作的地方，並在員工工作的時候與之溝通。打破那種過於正式的氛圍，讓團隊成員與你交談感覺更舒適，你應仔細傾聽他們的話，對他們提出的問題立即作出必要的反應。記住，你的表現越認真，積極的影響就越突出。

一個優秀的領導，應該懂得如何創造出與員工溝通交流的機會，而不只是被動地等待。

一起吃飯是一個好主意，尤其在中國的傳統文化中，飯桌上的交流可能是最推心置腹的。當然，即使是一起吃飯，形式也可以

很多樣化，和團隊，還是和個人；工作餐，還是正式的晚餐；在公
司內，還是在公司外；都可以根據情況的不同進行選擇。有的公司
每隔一段時間就舉行一次全體人員的早餐會，在公司中以自助的形
式舉行，幾個人圍坐在一起，沒有級別的束縛，顯得其樂融融。相
比較來講，工作午餐是簡便的，晚餐則要正式一些。

除了吃飯以外，還有許多其他的活動，根據公司的不同情況，交
流機會也不同，但只要你肯尋找，總能找出適合你們公司的方式。

然而，雖然你做了很多工作，且覺得很辛苦，但員工的離開有時
候還是那麼不可避免。其實，有的員工離開公司僅僅是到了他們應該
離開的時候，過分的勉強反而顯得蒼白無力。

在這樣的時候，你們做最後的溝通，你應該知道這個員工離開的
理由。最後的一次談心內容可以涵蓋很多，過往的總結，未來的展望，
但彼此的建設性的意見才是談話的核心。你可以對員工提出客觀的建
議，這樣能體現出你的真誠與坦蕩。

當然，你的真誠會得到回報。大多數的員工都願意在即將離開的
時候講出積壓在心裡對公司的意見與看法，這些都是你要珍視的資料
與經驗。新的工作為什麼對他有吸引力？什麼才是真正能使他留下來
的理由？他是不是有可能在未來的某一天重新成為公司的一分子？

在坦誠而無忌的交談氛圍中，你會對自己的公司及員工有更深的
瞭解，對如何留住和激勵人才有更深刻的感悟和認知。

6. 含威不露，體恤下情

　　作為領導者，對犯錯誤的屬下當然有處置權，但是要記住，能否恰當地運用這種權力，是你能否服眾的一個重要因素，因此一定要謹慎地使用。

　　屬下犯了錯誤、或造成失誤，當然要追究責任，要批評、處分，甚至撤職。但在事情和責任沒有搞清楚之前，千萬不要急於處理；如果處理錯了，或處分太重，傷了感情，事情就很難挽回了。但如果你還沒有處理，那麼主動權就掌握在你的手裡，什麼時候想處理就什麼時候處理，而且如果你處理得很好，不僅不會傷部下的感情，反而會贏得部下的心，使其成為你的忠實追隨者。

　　一家公司的市場調查科科長因提供了錯誤的市場訊息而導致企業領導決策的失誤，給企業造成了重大損失。對於這樣嚴重的錯誤，總經理完全可以將市場調查科科長撤職。但這位總經理並沒有急於作出處理，他考慮了兩點可能性因素：第一是這位科長本不稱職，不宜於再繼續擔任這個職務，而另一種可能是「好馬失蹄」，由於一時大意而出現判斷錯誤。如果是後者，那麼將他撤職就會毀掉一個人才。第二，目前還找不到一個更適合的人選頂替市場調查科科長的職務，一旦將他撤職將會影響工作。

　　於是他把這位科長找來，告訴他自己將要對這個錯誤作出處理，但卻沒有把具體的處理方法明確地告訴他。事情就這樣拖下來了。在這段時間裡，市場調查科科長為挽回錯誤，一直兢兢業業地工作，多次提供了很有價值的資訊，為企業的決策做出了貢獻，同時用事實證明他做這項工作是稱職的，上次的失誤是意外情況。

基於此，總經理再次將科長叫去，對他說，由於他的貢獻，本來準備給予嘉獎，但因為上次失誤還未處理，故功過抵消，將功抵過，既不嘉獎，也不處分，既不升也不降。這種處理方法的效果無疑是最好的，沒有影響工作，同時又使其他員工十分敬服。

在這個事例的整個過程中，主動權始終掌握在總經理手裡，雖然他沒有馬上將科長撤職，但他只要找到合適的代替人選，他隨時可以這樣做；同時，他又利用這段時間，避免倉促決策，誤傷人才，他還等到了一個處理問題的絕好時機，即科長立功的時候。功過抵消的處理，使科長打心眼裡感激總經理對他的關照和信任，同時又沒有姑息錯誤，實踐了自己要處理科長的諾言。

在處理這件事的過程中，這位總經理盤馬彎弓，引而不發，處處主動。箭在弦上則隨時可發，箭出弦則一發而不可收。

而有些領導者為了顯示自己的威嚴，常常頤指氣使，發號施令，讓人覺得高高在上，冷酷無情。下級當然會服從上級，但彼此不會有真心的交流，在這樣的環境下工作，肯定不會感到舒暢，也無法培養出忠心耿耿的意願。相反地，要提高部下對你的忠誠度，應含威不露，平等相待，體恤下情，以理服人，而不是以勢壓人。

作為領導者應懂得利用人類感恩戴德的心理。譬如，部下因失職而釀成大錯，他猜想自己一定會受撤職之類的嚴重處分，就算情況再好，也會降級遷調。但出乎意料的是，領導在瞭解情況之後，知道他已盡力了，就只淡淡地說：「算了，今後再繼續努力。」

實際上，他並不一定真的如此寬宏大量，而是他瞭解用人之道。因為這位下屬平時工作認真負責、一絲不苟，如今犯了這麼大的錯誤，本人的自責已經足夠他反省了，故無須再加以嚴厲指責。在他犯了大錯而情緒消沉時再加以指責，可能會使他一蹶不振，永遠抬不起頭來。

再說這樣做也於事無補。

相反地，上司採取寬容的處理方法，就會令部下感到上級的關懷，不只感激涕零，從此會更加兢兢業業，全心為公司效力。

7. 以嚴明的規章制度體現公正

　　有一些企業或公司習慣於「人治」而不崇尚「法治」。人治是說大小的事情都是由公司的領導者說了算，沒有多少規章制度可以遵循。而「法治」就是公司制訂出一套完整的規章制度，任何事情都有條款可依。規章制度制訂出來以後，更重要的環節在於「執法必嚴」。

　　現在的公司都面臨著嚴峻的競爭，其殘酷程度不亞於戰場上的廝殺，如果做不到紀律嚴明，是無法持續發展的。

　　美國土木建築業巨頭比達‧吉威特成功的關鍵在於他那獨特的經營哲學：「如果可以多賺 1 美元，只要有這種機會，我絕對不放棄。」他有一種近似天才的先見，當一件事尚未來臨，他便能預見它將在何時發生；他還有一種嚴肅而實際的人事管理專長。他能夠制訂很巧妙的人事政策，激發手下的才能和工作熱情，使他們工作效率都非常高，而且人人願為他效勞。

　　1950 年前後，比達‧吉威特在同一時間拿下了兩項工程。一項是在俄亥俄州建設原子爐，一項是在懷俄明州建設克林利馬堤防工程。在這兩項大小難易不同的工程同時中標且同時進行施工的情況下，比達‧吉威特便表現出他那獨特的用人專長。土木建築工程師一般都有共同的特性，那就是越是面對困難，越能提起工作興趣，幹起來越能發揮所長。何況對於原子爐建設，既能體現出站在時代的尖端，又含有愛國意義，因此他們的情緒的確都非常高昂。而對於堤防工程，大家無不認為是舉手間的小事，覺得做起來不夠過癮。

　　比達‧吉威特對於這兩項工程的進行情況，時刻在注視著，

並且根據從事堤防工程的技術人員在工作中的實際表現，隨時調配他們去從事原子爐工程。相反地，對於在從事原子爐工程方面能力表現較差的，便送去做堤防工程。這種人事管理辦法實施的結果，使得每個從業人員競爭意識大大增強，個個爭先，也使得這兩件工程順利很快的完工。

比達·吉威特在用人方面表現出來的過人之處還在於他所經營的事業上，他自己並不親自參與，始終只指示做法，然後把一切完全託付給實際負責人，至於工作效果，他更能迅速地給予評價，絲毫不放鬆，這就是他的為人處事的風格。

作為一個企業的管理者，應當以有效的手段保證規章制度得以貫徹落實，注意宣傳，而不要以為這些規則誰都知道。規章制度沒有什麼礙於情面而不方便宣佈的。

同樣，規章制度也應該體現出公正與嚴格。規章的條文並不是通過員工的耳朵來聽的，而是要員工用心去記、去體會、去執行，使他們明辨是非曲直，知道什麼可以為，什麼不可以為。

更重要的是規章制度執行起來不能因人而異，無論什麼人，只要違反了規章制度，都一律要按照違紀來處理，來不得半點徇私、偏袒。

8. 領導也要塑造自身形象

在當今這個物欲橫流的社會，很多時候人與人之間變得無情、冷漠。金錢似乎可以涵蓋一切，但恰恰就是在這種環境裡，奉獻往往會使人們受到感動。

作為領導者，要增強自己的吸引力、凝聚力，首先要注意自己的領導形象：無論你的情緒是好是壞，當你走進辦公室的時候，你都要把自己的笑容均勻地分給每一個下屬，讓他們知道你今天的心情很好；你的衣著不一定非要與眾不同，但必須整潔得體，讓人看上去感到舒坦。

當下屬向你問候時，你也應當點頭或微笑以示回禮；當你和下屬偶然碰在一起，而對方又恰巧因為某種原因沒有看到你時，你可以故作驚訝地先和他打招呼，而後寒暄幾句便走開，以免增加對方的恐慌。

只要有必要，上班的任何時候，任何一位下屬都可以敲開你的辦公室的門向你訴說他自己的見解，而你必須儘快地作出答覆；仔細檢討自己的錯誤，有公佈的必要就清清楚楚地向下屬公佈，這樣他們才會不斷地指出你的失誤，利於你工作的開始。

當早晨到達辦公室時，先靜心想一想這一天應該進行的工作，不要總是重複昨天的工作，更不要把昨天剩下的工作拿到今天來做。當下屬犯錯誤時，不要粗暴地對待，因為他可能已很內疚了，過於激烈的指責，會嚴重挫傷其自尊心。部門整體工作發生問題時，作為領導要多承擔責任，而不應該將責任全部推到下屬身上。接待新員工要慎重，辭退舊員工更要仔細，因為人員的加入和離去對工作和士氣會帶來一定影響。

作為一個領導者，不僅需要較高的業務水準，還要具備較強的演講能力，演講是領導必備的素質。對企業內部來講，現代企業管理，要由以「物」的管理轉向以「人」為中心的管理；由「命令──服從」的單向管理轉向「目標──參與」的雙向管理。怎麼樣能夠激發和調動員工的積極性和創造性，已經成為領導者的首要工作。

一個企業的領導需要把企業的奮鬥目標，告訴全體員工，以感染和鼓舞員工為達到這個目標而奮鬥；需要將自己的決策及面臨的各種困難告訴大家，以引導員工發揮聰明才智，團結一致，克服困難，共同進步。

9. 增強下屬的參與感

　　在一個公司或企業裡，管理人員要想提高管理水準，總要不斷地改善管理辦法，增添新規章，推行新方案；而下屬則認為，習慣於老的一套沒有什麼不好，以往執行時不是很好嗎？為什麼換來換去？完全是在折磨人。這兩種心理交織在一起，就會有矛盾，就會影響工作的進展。

　　雖然領導可以做出硬性規定，強制下屬無條件執行，但效果未必佳，有時還會適得其反。

　　每個人都有自尊，去改變他的習慣的行為，他就會有種自尊被傷害的感覺。基於這一點，可以採用一種既保持自尊又改變做法的方法，就是「參與式」管理。

　　在需要改善管理方法時，讓所有的人參與決定，告訴他們作出改變的理由，使他們瞭解整個方案的制訂過程與結論，從而能自覺地遵守和執行。

　　這種做法，看上去要多花費一些時間，但因為結論是大家討論決定的，所以在執行時會受到大多數人的支持配合，實際上是獲得了更高的效率。增強參與感，使員工有受到重視的感覺，在心情愉快下開展工作，這是管理者所期望的企業氛圍。

　　為了增強下屬的參與感，可以遵照以下方法：

(1)　　讓下屬瞭解實情。有些領導部署下屬工作，只是吩咐如何去做，並不說明為什麼去做，好像不願意下屬聽到更多的商業秘密，以防情報外泄，節外生枝。

商業的核心機密、重要情報當然是老闆級人物才能掌握的，但是

一般的工作安排，乃至一個階段的計畫，具體部署是應該讓有關工作人員知悉的。

這樣做的好處是：

① 使下屬有主動精神，工作起來，知其然更知其所以然，就可以發揮主觀的創造性精神，想出更好的方法來達到目的；

② 可以使下屬感到被尊重，因此參與感更強，責任心也會更強，下屬知道如何去做，如何做好，就會把老闆的事當成自己的事來看待；

有利於各部門之間的配合與協調，各個部門不僅知道自己做什麼，也知道左右部門做什麼，就可以協調工作，避免不必要的重複勞動和因為不熟悉情況而造成的失誤。

高明的領導者總是讓下屬瞭解實情，讓每一個下屬明確知道自己應該如何去工作，也知道自己的工作在整個公司工作中的位置。

(3) 讓部下參與企劃。凡是聰明的領導者，皆知利用這個技巧。當公司要決定一件重要事項時，讓下屬參與會議，提供自己的意見是頗為聰明的做法。

原因有二：

① 與下屬商量，往往能得到意想不到的收穫，因為決策者常因顧慮太多，而失去重要的創造力；

② 給予下屬參與企劃的機會，可培養下屬的歸屬感與團隊精神；而且對員工來說，這種方式可以使他們工作積極、愉快。

10. 讓每個員工扮演的角色都有意義

　　對於評估員工的表現來說，許多員工往往習慣於以自己個人的努力程度作為上級管理和評估的依據。即便他們被告知自己是團隊的一員，也還是放不下對自己工作表現的關心，這時，領導者的主要工作就是幫助這些員工把注意力從個人的工作表現轉移到團隊的工作表現上來。

　　如果領導者不做這個工作，依舊讓員工們把注意力放在自己的個人表現上，就難以在他們中間建立起一個高效的團隊。

　　美國玫琳‧凱公司總裁玫琳‧凱有一次面對競爭對手公司的助理副總裁向她求職。這位助理副總裁很傷心地對玫琳‧凱說：「我已經無路可走了，我們公司已經無法再繼續發展，再待下去我實在也沒有前途可言。」

　　玫琳‧凱和他談了一會兒之後，就發現了他抱怨該公司的真正理由。那家公司正在修訂行銷策略，而這位助理副總裁沒有被列入策略修改委員會的一員，而正如他所說的，凡是這個委員會的成員都被視為「高級領導」。因此，他對該委員會提出的任何改革政策都極力反對。

　　所以，玫琳‧凱不得不下這個結論：假如他也成為委員會的一員，他就會採取支持的態度。他是一位聰明的年輕人，如果能參與這項工作，一定能對該公司有所貢獻；相反的，正因為他無法參與，他的反對態度甚至促使他辭職而去。歸結來說，就是一個優秀的工作人員的自尊心受到了傷害。

要使公司或企業更好的發展，作為領導者，應優先考慮團隊的業績，而不是個人的成績，儘管個人的成績不能忽視，但是團隊的表現更為重要。因為如果團隊沒能取得成功，個人表現再好也於事無補。

因此，要關注團隊的整體表現，關注每個成員為團隊的整體表現作出哪些貢獻。這就需要在團隊整體中體現這個原則。

(1)　讓團隊來糾正個人的工作表現。以往，管理者總是把糾正員工的工作表現作為自己的任務之一。團隊如果能夠真正建立起來的話，這種情況就會改變。

高效的團隊在糾正、提高成員工作表現方面的作用，要比大多數管理者強得多。因為一位差勁的員工可能會時刻受到團隊中其他人的壓力，而不像以前被管理人員罵一頓就沒事了。

(2)　不要獎勵無助於團隊成功的個人表現。團隊裡會有傑出人物，但他們不同於傳統工作群體中常見的傑出人物。團隊中的傑出人物是那些說明團體實現整體目標的人。只要有足夠的時間，幾乎每個團隊成員都能成為傑出人物——他們在特定的時間點上都為團隊的工作做出了特別重要的貢獻。

因此，如果有人作出了什麼貢獻的話，不要只把他列出來。如果團隊相信某人作出了非常突出的貢獻，成員們就會承認這個現實，由他們去處理這些事情吧。

(3)　應該把團隊的表現作為評估個人表現的主要因素。個人表現評估其實並不能與高效的團隊表現相提並論，但大部分團隊都要對個人進行評估，至少在開始的時候是這樣。

但是要保證，至少把個人作為團隊成員的表現——合作的意願，以及將團隊的目標置於自己的目標之上的精神——作為最重要的因素來考慮。

員工作為一個個人的高效工作表現，與作為一個高效團隊的一員的工作表現，兩者之間有時候會產生矛盾。團隊剛開始培養凝聚力時，經常會遇到這樣的問題。然而，當團隊開始從一個工作小組向一個真正的團隊轉變時，太多的「集體思想」並沒有產生真正阻礙，相反團隊懂得了怎樣才能做到名符其實，怎樣才能讓每個成員扮演的角色都有意義，同時又使每個人都全身心地為實現團隊的目標而努力。

在這一過程中，領導者應該扮演一個關鍵角色。高效的團隊需要成員之間的密切聯繫與合作精神，你對此的理解越深刻，就越能把這一理解更好地傳達給團隊的成員。

11. 要做明智仁慈的領導者

一個明智的老闆對自己的員工的天賦才能會儘量去瞭解、觀察，他有一種巧妙的方法，能使這些員工的才能最大程度地發揮出來，為他所用。這種方法就是以自己為榜樣。

因為人們大概都有一種共同的特點，那就是任何人都容易對外來的刺激作出相應的反應。例如，別人對你笑容可掬時，你也一定報之以笑容可掬的態度；同樣，當你對別人表示憤怒、批評、指責、輕視時，你從別人那裡所獲得的反應也當然是一樣的。因此，你的員工對你的反應怎樣，要看你對他的態度如何。

有許多在職員工不願意在職務上負責任，但實際上他們也許是很願意好好做、想盡職的人。

經常有這樣的例子，在甲公司被視為毫無才能、一無是處的職員，到了乙公司卻完全不同了，竟然任何事情都完成得出色。這裡的原因不是因為他們被辭退後受了良心譴責、精神痛苦的壓迫而突然醒悟，而是因為新的企業、新的老闆對待他的方式完全不同的緣故。

以前的老闆從來不信任他們，不尊重他們，又只肯給他們很低的待遇，還常常要惡聲惡氣地訓斥他們。但現在新的老闆卻恰恰相反，處處信任他們，很重視他們，待遇也不薄，老闆還時時對他們表示關心，表現出色時還慷慨大方地表揚。

有許多老闆之所以無法充分利用員工們的才能，就是因為這些人對員工的待遇、條件過於苛刻了，對員工太冷酷了。而苛刻的條件、冷酷的態度必然會磨滅員工的忠誠之心。

才富
21 世紀最貴的資產是人才

　　如果一個老闆對下屬要求過於嚴厲苛刻、無情無義，那麼他的員工一定是以機械的態度在工作；而只有一個對下屬和藹親切、寬宏大度的老闆才會用到肯動腦筋的員工。而同樣一件工作，如果機械地、勉強地做，和開動腦筋、拿出創造力、傾注全部精力來做，其業績的差距會十分懸殊。其實，一切事業優劣成敗的癥結都在這個問題上。

　　一個開明的老闆時時都讓員工們知道，他對他們手頭上的工作很感興趣；他要使員工們知道，他對他們寄予了很大的希望。他還要使員工們知道：老闆只是員工們的一個夥伴、一個同事，一個與他們精誠團結、真誠合作的人，而不是隨便把他們當機器使喚的人。同樣，在一個明智的老闆手下工作的員工，也一定會盡力使出他們所有的能力和潛力來幫助老闆，與老闆一起同舟共濟地向著目標挺進。這種勞資關係，不僅有利於勞資雙方，而且還對社會大大地有利。

　　而那些要求苛刻、態度頑固的老闆恐怕只能僱到幾個做事馬虎、敷衍了事的員工。他絕不可能從員工那裡得到一個對他有益的建議，也絕不會有員工會對如何改進他的營業提一點意見，更沒有人來關心他事業的成敗。甚至相反，當員工們看見他失敗或破產時，還要滿心歡喜，手舞足蹈一番。因為對員工來說此處倒閉自可到他處工作，但老闆必定會從此一蹶不振。

　　世上有很多的老闆都沒意識到，他們事業的成敗盛衰竟然完全繫於員工之手。這些老闆只知道自己已經付出了一筆可觀的薪水了，認為員工的忠誠與效力可以像普通的交易那樣花錢去買，至於員工本身有什麼要求、慾望和福利，一概都不必考慮，他們竟荒唐地認為，只要一張毫無感情的用人合約就可以解決一切問題了。

　　事實上，任何一位員工，他們都可以從你對待他們的態度中，看出你是否真的關心他們、體諒他們；是不是把他們當作一部機器——

有用的時候放著，不需要的時候就一腳踢開。

老闆要想實現自己的最大利益，還要以員工的利益為基礎；同樣，員工的利益也要建立在老闆利益的基礎上，兩者絕對不可分離。一個老闆如果能有一個得力的員工，相當於增添了一筆巨大的財富。一個員工如果能幫助老闆動腦筋、發展生意，那麼無疑也會使自己獲得更多的利益。

當老闆給員工以優厚的待遇時，員工必然覺得應該盡到自己的天然職責，他做起事也必定會處處考慮到老闆的利益，他會處處想辦法節省原料，抓緊時間，在工作上竭盡精力，努力使公司的業務大大發展起來。

要使員工竭盡全力，你一定要懂得如何去激勵員工。一個老闆如果對員工流露出一點懷疑的情緒和不信任的態度，那麼這種情緒和態度傳播出去，往往容易使那些對你極有幫助的人也開始變得心灰意冷，再也無心為你效力、表示忠誠了。

在一個企業裡，最能打消員工的熱忱和志氣的莫過於老闆的不信任。如果你作為老闆不信任員工，那麼他們將開始與你產生隔閡，也不會再關心你的經營、你的盈虧了。他們對工作的興趣也可能完全喪失，只要下班的時間一到，他們就趕緊收工，歡喜異常地如出籠的小鳥一樣，迅速離開公司。而那些能夠處處體貼員工、給員工以親切的期望和誠懇的讚美鼓勵、每日都注意增進與員工的感情的老闆，員工們當然會深受感動，會把他們全部的智慧、精力都集中在工作上。

另外，有很多老闆不太注意工作環境的優劣對於員工的工作所可能產生的巨大影響。對於年輕員工來說，那就更是如此，年輕人最易受工作環境的影響，也最容易為老闆的言行舉止、思想行動、態度價

值所同化。所以,如果你自己是一個做事有條理、肯守紀律、反應敏捷、做事迅速的人,那麼他們一定會逐漸模仿你的樣子,把工作做得更好,而且如果你忠於職守、關心業務、品格優秀、學識淵博,那麼他們也一定會追隨你,為企業目標而共同努力。

相反,如果你遇到事情總是遲疑不決,常常錯失良機,做起事既無條理又無耐心,那麼你的員工也一定會受到你的影響,會把你當作他們的榜樣,結果,他們也會變得完全和你一樣。

另外,社會上還有許多雇主和受雇者雙方糾紛的起因,都是因為雙方缺乏親密的關係,缺乏深刻的瞭解和堅定的信任,或是因為雙方在權利和義務上沒有達到恰當的平衡。如果雇用和受雇用雙方能夠及早糾正這些錯誤,所有這些問題都會順暢得以解決。

12. 正確激勵的 9 項原則

激勵措施必須正確，才能產生預期的效果，下面介紹的 9 項原則值得每一個管理者借鑑：

(1)　獎賞能給企業帶來總價值增長和長期效益的人。獎賞是解決問題的通常辦法，而非應急的對策。大多數的企業都傾向於獎勵那些暫時解決問題而帶來利潤的辦法，而不贊成獎勵能給企業帶來總價值增加和長期利潤的長久解決問題的辦法。

關於暫時解決問題的辦法的例子包括：

①　為實現短期目標同時也為了省錢而使用落後的設備；

②　過於強調降低成本；

③　短期內迎合顧客而取得顯著利潤。

而另一些被人們普遍接受且著眼於長期更有效的策略則與暫時解決問題的辦法相反，它主張：

①　建立長遠目標，投資購買有助於提高生產率的工具和設備；

②　提供不斷強化管理的高效率方法；

③　提供為贏得長期顧客而實行的優質服務。

(2)　獎勵冒險者而非膽小者。許多企業都會在獎勵那些安分守己、循規蹈矩的員工的同時，無意中傷害或懲罰那些更具有創新能力的員工。

這裡可以舉一個銀行的例子來說明。這個銀行告誡人們「不做任何錯事」，而不獎勵那些為銀行發展而甘願冒險的行為。其實，一個具有發展前途的企業，應該也必須具備敢於冒險且能創新的能力，應該提倡創造一種更有生產性的冒險氣氛。

　　例如，既重視成功也不鄙視失敗。老闆應誠懇地向員工說出他們的失敗之處，強調失敗是成功之母，鼓勵謹慎的冒險，反對魯莽的冒險等。

　　（3）　獎勵具有創造性的員工而非沒頭腦的追隨者。一些創造性的成就開始並不被接受，例如，電話、蘋果電腦等。

　　為營造富有創造性的氣氛，可在公司樹立幾個榜樣或制訂若干方案，包括：

　　①　創造一個寬鬆的、非正式的、扶植性的環境；

　　②　支援競爭，支援那些對工作或產品有極大熱情的人；

　　③　對別人的錯誤採取寬容的態度；

　　④　致力於確立創造性的目標；

　　⑤　給予革新者物質獎勵，鼓勵經過一定訓練具備的創造力。

　　（4）　獎勵行為果斷的決策者而非拖泥帶水者。一群人很難達成統一意見，一個人能做的就儘量去做。下面關於兩個有抱負的管理者瑞爾和塞爾的故事，正反映了這個問題。

　　瑞爾是個默默無聞、辦事效率高的小夥子，而塞爾卻大做表面文章，他建檔案、設立委員會、召開會議等。等他要解決一個難題時，瑞爾早在幾個星期前就已經解決了。但他們的組織呢，卻獎勵了塞爾。他們都認為塞爾是一位很有組織能力的管理人員，因為他做了方方面面的分析。

　　獎勵塞爾的組織忽視了最重要的一點，任何企業的目標最終都是看成果的。萊伯夫建議，為了達到預期的效果，管理者們應該支持「你要做什麼，現在就做」的行為。那些果斷大膽的人一旦行動起來成功的機會就多，因為別人都還在猶豫不決。

(5)　獎勵高效率者而非勞而無功者。有些公司只重視生產而不注重提高生產能力。怎樣才能提高生產能力呢？

主要包括：

①　提倡人們合理安排時間；

②　挑選工作效率高的員工，讓那些勤奮的人充分發揮潛力；

③　拋開繁文縟節，明確組織目標，簡化工作程式。

(6)　獎勵採取簡易工作方法的人。好的管理方法是一件簡潔的藝術，而非繁冗的藝術。

作為英國西菱馬克斯和斯賓塞董事會主席的西蒙先生，對工作簡單化問題很有研究，這可通過西蒙先生的事例加以說明。

西蒙先生通過反覆研究他店裡的每個員工的工作程式，發現他們做了許多無用功，於是他開始著手簡化工作程式，去掉多餘的表格和官僚式的檔案。經過重新組織，減掉 2200 多萬種表格，廢棄檔的重量多達 100 多順。

簡化工作的本質可以概括為：除去不必要的環節。

這裡提出了一些可行性建議，以作為對實質意義的補充，如：

①　精簡機構擬書面形式確定各自的工作；

②　鼓勵員工簡化操作程式；

③　建立完善的操作程式、控制和協調體系。

(7)　獎勵默默無聞但卓有成效者。一些企業往往容易忽視那些表面安分守己、實則成績突出的人。

柯維舉出一個典型的事例：一名經理花 80% 的時間研究高效率的工作程式，花 20% 的時間研究如何改進低效率的工作程式，這樣分配時間收效顯著。這裡提出了兩點建議，以鼓勵默默無聞但工作成績突出的員工。

這兩點建議是：

① 注意並鼓勵效率高的員工，對牢騷滿腹者不予理睬；

② 制訂獎勵積極工作行為的標準，對工作提出有益的批評意見。

(8) 鼓勵工作效率高的人而非浮皮潦草者。過分追求工作的速度和簡潔常常會導致品質問題因而損失慘重。反之，品質提高了，成本就會相應地降低，提高生產率和工人的滿足感，從而增強顧客對廠家的忠誠度。

德魯克相信，如果人們懂得正確的操作方法，並且獲得適當的激勵，他們就能提高產品品質，並可進一步追求完美。

例如，第二次世界大戰期間，所有的降落傘包裝都要參加定期的跳傘試驗，這樣就不存在降落傘包裝的品質問題。但問題是，企業生產中的品質低劣問題是忽視了對高品質的工作給予獎勵。

為了引起整個組織對品質問題的高度重視，可採用如下手段：

① 增強人們對與品質有關的實際問題的敏感度；

② 利用經驗豐富者的專長，以各種與品質有關的方式向顧客提供服務；

③ 與消費者保持聯繫以獲得資訊回饋；

④ 在進行品質統計控制過程中對企業內的全體人員進行培訓。

(9) 獎勵忠誠之人而非陽奉陰違者。「只要真誠待人，就會從對方那裡得到信任和讚賞。」然而有許多企業管理者，口頭上說想得到員工的信任和讚賞，但卻經常挫傷老實本分員工的積極性，因為管理人員只顧給多次聘請才得來的員工高薪，盡力挽留那些威脅說要跳槽的人，而對於忠誠的人卻缺乏鼓勵。

　　只要管理者能給員工提供穩定與安全的工作，支援他們繼續接受教育，進行自我發展，提供公平的獎勵，並保持和員工的密切關係，就能營造良好的工作氛圍。

　　記住：想要別人怎樣對待你，你就應怎樣對待別人。

才富
21 世紀最貴的資產是人才

第6章

讓幾乎所有的員工都感覺到
自己在「飛」

完成任務的關鍵之一是讓每一名員工得以施展。讓所有人參與對話，讓他們感覺到自己在「飛」，你就將提升公司的智慧。

—— 比爾·蓋茨

才富
21 世紀最貴的資產是人才

1. 指導員工實現夢想

有夢想才有未來，否則，人不可能有鬥志。這是管理時應遵循的一個大原則。

夢想本來是應該由員工自己去尋找、決定與追求的，但是近年來，由於社會變化太迅速，使一些員工，或缺乏理想，或理想不明確，因而員工對自己的未來，一無所知或舉棋不定，不知道應該如何具體去做。對這些員工，管理者就要提出適當的忠告和鼓勵，使員工建立正確且積極的理想。

下面幾點可作為參考：

① 有關業務的進行，將目標訂在一個略高過自己能力之處（當然不可過於離譜），借此強化自己的能力；

② 自己身處工薪階層的地位，1 年或 3 年後，將突破現狀，獲得更高的待遇；

③ 在充實自己方面，為自己訂立一個計畫，學習較高程度的知識與技能，為取得某種資格或學歷而努力進取；

④ 在個人生活方面，有計劃地培育子女、購置房產、安排家人的生活。

應讓員工在適合他們自己的環境中，產生上述種種慾望及計畫，只要管理者去大力提倡，每個員工有了理想，則定能意氣風發、認真做事。管理者促使員工有理想、有夢想，當然也要使員工為實現夢想與理想而付出全力。

而夢想的實現，就是一個目標的達成，並且成為樹立更大目標的基礎。既然有了夢想，就要使夢想實現，否則就成了空想而變得毫無

意義。

實現夢想的方法很多，下面提供幾點，以供參考借鑑：

① 應該有「無論如何非得實現」的堅定信念；

② 向同事宣稱「我定了一個目標」，以斷絕自己的退路。這樣做，無論目標如何艱難，也要拼命去實現不可，否則自己就是食言而肥了，會讓人看不起的；

③ 不斷地刺激自己，以免忘記了自己的理想。例如將自己的目標記在筆記本上或背下來，或將其寫下來貼在牆上，時刻提醒自己。

即使員工的事業慾望很低，也不可斷定他們是懦弱的人，應該設法引起他們與生俱來的夢想和成長的慾望。不同的人有不同的慾望，應該分別的掌握。夢想是鬥志的原動力，就是再有困難，也要設法使員工存有夢想。

即使員工的慾望只在於基本的需求，也不可認為他們與動物相差無幾而心生厭惡，只要員工的表現不過分，應該把它們看作是個別的差異，切忌過分輕視，應一步步的引導他們邁向更高的境界。

無論是誰，都不能事事如意，但是太多的慾望得不到滿足時，總是會使工作效率大大降低，最終喪失對工作的熱情。所以，管理者應知道員工的挫折程度以及挫折感來自何處，盡可能幫助他們，指導他們，以使其恢復並增加工作的熱情，而產生自豪感。

2. 使員工辛苦而快樂著

從一定程度上講，沒有壓力就沒有創造力，沒有限定就沒有優異的成績，這其中的辨證關係對於管理者來說很有啟發意義。

「你為什麼要留在微軟？」許多人這樣問一位在微軟工作很久的老員工，這位員工也曾這樣問過自己。回答這個問題其實一點也不難，幾乎是不用多考慮：「因為微軟有很多機會讓它的員工有成就感。」

微軟公司通過種種管理手段，使員工們感到微軟是一個能夠讓自己發揮聰明才智的地方。因為微軟公司向來就擅長在新聞媒介上大力渲染自己，使大多數人知道微軟進行的是極具創造性的工作。

認識這一點的最好辦法就是：在這裡工作一段時間。然後就會看到：作為個人，自己的聰明才智是如何融入產品並被全世界的人使用的，從而產生一種成就感。

雖然擁有創造性人才對高科技公司是重要的，但如何激發他們的創造力更為重要。微軟的做法是把專案的可用資源固定，也就是限制一個專案的工作人數和交付時間。這樣，固化的項目資源就成了項目開發計畫中最關鍵的限定因素，尤其是交付時間，使得整個開發小組必須充分凝聚其創造力，拼命工作，這迫使他們除掉多餘的特性，認真思考哪些特性才是一個新產品的關鍵特性。

有一位員工在進入微軟後接受的第一個任務就是要同時完成 POS6.2 和 Exce15.0 兩個產品的市場化。在這個過程中，沒有培訓，沒有試用，只有目標和必須合理使用的經費和權力，或者說還有一點自由：在探索中領悟，在總結中提高，允許出錯，但不允許停滯

不前，更不允許出現同類問題一錯再錯的情況，當時的工作就是這樣做的。等到產品發佈的時候，雖然有的員工覺得自己已經被累垮了，不行了；然而，當看著走向市場的產品，聽著鼓舞人心的新聞報導的時候，這一切辛苦立即「煙消雲散」，又渾身起勁了。

要想員工真正地為公司盡心盡力，作為領導者一定要給員工成就感，善於和員工共用成就感。這樣才能聚集大批有才之人於自己周圍，同甘共苦，把事業推向高峰。

在企業中，領導者需要有這種與員工共用榮譽的精神和敢於承擔責任的勇氣。領導者被授權經營、管理某企業或部門，無論是獲得成功，還是遭到失敗，都負有不可推卸的榮譽或責任。即使員工失誤了，也有領導者的失職、指揮不當、培訓不夠的責任。榮譽對你是當之無愧的，但你同時必須懂得通向榮譽的路途是離不開團隊的協作、配合的。所以，與下屬共用榮譽是一個明智的領導者所應該做的。

作為領導者，如果在獲得各種榮譽之後，不獨享，而是以各種形式讓下屬分享榮譽及榮譽帶來的喜悅，會使下屬得到實現自身價值和受到領導器重的滿足，這種滿足在以後的工作中會釋放出更多的能量。

3. 重視員工的進取心

　　過去，一談到管理，尤其是對人的管理時，就強調「約束」和「壓制」，事實上這樣的管理往往適得其反。

　　一個明智的管理者應牢記這一條：你的職責是幫助員工成功，如果經理用權力壓制員工，就不是一個稱職的經理，至少不是一個具有現代意識的經理。

　　對於公司或企業來說，若員工能自發地充滿旺盛的鬥志與進取心，則是很難得的，有這種員工的上司，也應該感謝上帝賜予自己良才，並且要善待員工才好。

　　但事實上，常有些管理者不但不善待員工，反而卻百般阻撓，唯恐員工超越自己，這是由於忌妒心和不正當的自衛心所造成的。

　　　　有一位年輕員工曾對經理透露：「我想取得『安全管理人員』的資格，因為我已決定將一生奉獻給企業，所以我必須充實自己，但我不想讓同事們知道，最起碼在通過考試前我不願意讓他們知道。

　　　　但是有一天，我在公車上看書的時候，無意中被同事看見，消息便不脛而走。從那天起，科長的態度一下子就改變了，對我的態度變得非常冷淡，並且逢人便說：「難怪他工作一點兒都不專心」、「取到了資格，對現在的工作又有什麼幫助」、「拿到證書，他一定想要到另外的企業去謀求一個更高的職位」。老實說，處於這樣的環境中，每天都有如坐針氈的感覺，根本無心工作與學習。

　　要讓管理真正親和於員工，管理者不僅表面上要與員工拉近距離，還要真正關心員工，不單是關心員工的現狀，更重要的是關心員工的

前途、未來，包括員工的薪水，也包括員工的學習機會、得到認可的機會和得到發展的機會。管理者如果擔心員工向上超越自己，就應通過更深層次的學習和更有成效的工作來證實自己的能力，以維持自己的地位，絕不可以打擊員工，使之以灰心喪氣的方式來維持自己的位置。

管理者對員工也常會有「父母心」的心態流露，尤其是對新進企業的員工的印象，久久不能改變。

主要表現為：

① 「來企業時間這麼久了，還不見有多大進步。」

② 「我仍然不敢把重要工作交付給他們，萬一搞砸了，我必須負全部責任的。」

因此，員工雖然在客戶或同事之間的評語很好，但是管理者仍然不能信任他們，並常以高壓的手段對待有能力的員工。

① 「不要囉嗦，照我說的方法去做一定沒錯！」

② 「這是命令，你必須接受。」

③ 「憑我的經驗來判斷，這件事根本不能這樣做。」

一位對自己有信心的員工，遇到上司使出高壓手段時，往往會採取反抗的態度，要不就忽略上司的命令，在這種情況下，員工就不會跟企業一條心。

因此，企業或公司要成功，一定要愛護你的員工，並幫助他們，否則他們也不會幫助你的企業。一定要重視員工，只有這樣，他們才會跟你走。

4. 對員工成就感的培養應該重點關注

任何一位員工都希望自己的工作富有意義，自己能夠承擔更多責任，能力得以施展，並且得到人們的認可，這是員工努力工作的最大動力。

工作中，最有效的激勵來自於每個人的內心，對成就感的渴望是每個人與生俱來的本性。因此，成就感的培養是管理者需要重點關注的事情。

那麼，怎樣才能培養員工的成就感呢？

（1）增強員工的自信心。

自信心是獲得成就感的基礎。你不能奢望一個平常總是唉聲嘆氣、縮頭縮腦的員工會有成就感。

通用總裁傑克·韋爾奇就告訴員工：「如果 GE 不能讓你改變窩囊的感覺，你就應該另謀高就。」如果管理者經常通過言行向員工表明「你很厲害，你能夠做得更好」，員工就可以從中認識自我，發揮潛能，就能做得更好。

對於員工的失敗，不能打擊，要允許員工失敗，允許他在失敗中學習成長。積極鼓勵員工參與企業經營發展戰略的擬定，讓普通員工體會到成為決策者的成功和喜悅。

（2）給員工以具有一定挑戰性的工作機會。

上海朗訊總經理陳宜希望員工覺得每天都可以學到很多新東西，都可以或多或少實現一些個人的事業目標。所以在公司裡，朗

訊的員工每天都會感受到工作具有一定的挑戰，而這個挑戰是可以在經過他自己的努力和上級的幫助下去克服困難完成的，這樣員工就獲得非常大的滿足感。

因此，充分信任員工並給予員工獨立的空間也是非常重要的。

（3）對員工的待遇要公正。

金錢和地位在某種意義上是對個人成就和價值的肯定。研究表明，金錢與工作成就感的關聯性，在於薪資和升遷制度的公平性。

企業應該拉開收入層次，用量化的經濟指標來衡量員工不同的能力和價值，在內部建立能力優先機制。

（4）營造象徵成就的工作環境。

如擁有私人辦公室（包括可遠眺美景的大窗戶，最好還有舒適的沙發）、專屬的秘書以及專用的泊車位，即要有催化員工成就感的人際環境。

然而，在培養員工成就感的過程中，也要避免 3 個誤區：

（1）　方式千篇一律。要根據自身情況設計培養員工成就感的方法，分析各種方法對個體員工的作用。

（2）　只強調成就感。成就感是自我激勵的源泉，比物質激勵的作用更持久。但是，也不能因此否認物質激勵的作用，一味強調從精神上調動員工積極性，反而讓成就感失去所依存的基礎。

（3）　監督過度。過度嚴密的督導將使下屬成為「聽話的機器」，下屬的創造力與想像力將喪失殆盡。

將完成本職工作所需要的權力賦予員工，幫助他們更順利完成工作；權力下放後，不要事無巨細一一過問，只需靠制度規範和不定期

才富
21 世紀最貴的資產是人才

抽查實現監督。

5. 頻繁地獎勵一個人是對更多人的打擊

一個管理者眼中不能只有「超級明星」，而應關注整個企業，領導者是金字塔的塔尖，而更多的企業員工是金字塔的基座。事實上，所有贏利的公司或企業都是靠擁有中等技能、知識的一群人，加上少數的「明星」來運作的。

而只有一個人頻繁地得到某種獎勵或認可，就意味著其他人都是失敗者。偶爾，某個人會比其他人更為突出，這時沒有誰會忌妒他所得到的褒揚——但這種事並不多見。經理如果非要從一批非常出色的員工中挑出一個人來，常常會挫敗其他員工的積極性，並導致他們工作表現的惡化。

傑克正在對作出卓越貢獻的南茜進行表揚：「南茜當選為部門的季度最佳員工，我知道大家都願意和我一起向她表示恭喜以熱烈的掌聲。」於是大家都鼓掌了。

但過了沒多久，當傑克正在與威廉談話時，聽到瑪麗對維佳說：「她有什麼特別的地方嗎？我知道她的工作做得很漂亮，但不見得就比你我強，你不認為她和上司有關係嗎？」

「簡直是糟糕透了」！南茜嘀咕著，就在傑克同威廉的談話結束前，南茜走了過來。看得出來，她有什麼話要跟傑克說。傑克明智地結束了同威廉的討論，然後轉向南茜。

「我真是希望你能在宣佈結果之前問一下我的意見」，她結結巴巴地說道，「現在組裡的每個人都對我非常惱火，沒有他們的幫助，我什麼也做不了！」

對於這種獎勵導致的團隊不合，破壞情緒的現象，許多經理採取

輪流得獎的方法來解決這一問題，他們盡可能地使每個人至少在一段時期裡都能夠取得一定的認可。

但如何才能真正解決這個問題呢？

首先，一有良好的工作表現出現，就予以認可，不要等什麼獎勵週期，員工就好像經理們一樣，喜歡盛大而耀眼的獎勵。

其次，鼓勵員工相互表示對各自工作的認可。來自同事的認可，其意義與來自經理的認可相當，有時甚至更有作用。當然，兩者都有的話是最好不過了。

第三，對特別傑出的員工，你的行為應注意恰當好處。因為這樣的員工，人們公認他是最出色的。有時，你應該事先把獲獎者的提名向員工們公佈，讓員工們也能得到評價的權力，或許員工們對誰應得到獎勵心裡最有數。

總之，在你和你的員工對所有出色的工作都能予以認可前，不要採用這種只讓一人獨得的獎勵。不應該該鼓勵手下的員工互相競爭，「只讓一人獨得」的獎勵正好犯了這個大忌。它不能促進合作，相反卻很容易使員工互相保密，拒絕向別人提供幫助。

很多企業對最常見的認可手段——工作評估，制訂了嚴格的條件。不知是什麼原因，人們認為嚴格限制得到高分的人數會有好處。這種想法很不現實。作為管理者，你真正應該做的是，設定一個需要全力以赴才能達到的高標準，然後，盡力使所有的員工都能達到這個標準。這時你就可以說：「當然嘍，我的手下個個都非常出色。」

所以，管理者的眼中不能只有「超級明星」，只頻繁地獎勵一個人。須知，世界上知名的大企業能夠取得今天的成就，全靠全體人員的共同奮鬥和團隊精神。

6. 塑造企業的共同價值觀

塑造企業共同價值觀是企業精神文化建設的核心，是企業文化建設的最高境界，也是衡量企業文化建設成功與否的關鍵。

企業文化學的奠基人勞倫斯·米勒說過：今後的 500 強企業將是採用新企業文化和新文化行銷策略的公司，企業領導者不可沉湎於過去或現有的成功，必須不斷地拋棄過去、超越自我、展望未來，建立新的企業價值觀和企業文化。

日本松下公司之所以能獲得成功，一個重要的因素就是「精神價值觀」在無形中起著重要作用。松下幸之助的「精神價值觀」是：通過企業為國家服務；公平；和諧與合作；力求進步；禮貌與謙虛；互相適應與同化；感謝。而松下幸之助規定的企業原則是：認識企業家的責任，鼓勵進步，促進全社會的福利，致力於世界文化的進一步發展。松下公司給員工規定的信條是：進步和發展要通過公司每個人的共同努力和合作才能實現。

正是由於「精神價值觀」的作用，才使松下這樣機構繁雜、權力分散的公司在工作上有向心力和連續性。另外，公司還非常重視對員工進行精神價值觀方面的基本訓練，尤其是對新錄用的人員。公司提出了由「產業報國，光明正大，友善一致，奮鬥向上，禮節謙讓，順應同化，感激報恩」等 7 方面內容構成的「松下精神」。

松下公司遍佈在世界各地的 8.7 萬名員工每天上午 8 點都在背誦「精神價值觀」，放聲高唱公司之歌。松下公司是日本第一家有精神價值觀和公司之歌的公司。在解釋精神價值觀時，松下幸之助有一句名言：如果你犯了一個誠實的錯誤，公司是會饒恕你的，把它作為參

加學習的學費，從中吸取教訓；然而如果你背離公司的原則，就會受
到嚴厲的批評，直至解雇。

　　「National」是松下公司電器的商標，然而更是松下公司的
象徵。松下幸之助的管理哲學，強調的不僅是產品，而且還包括
「創造產品的人」。他以「訓練和職工發展」7 個字為指導方針，
來訓練具有高度生產力與技能的員工。前幾年由於受世界經濟衰退
的影響，松下集團在新加坡開設的公司銷售下降，生產減少，即使
在這種情況下公司也沒有裁減一名員工，而是加強對員工的培訓，
不惜花費近 30 萬日元開辦了廣泛綜合的教育與業務訓練，先後有
1300 名人員參加。這次訓練，提高了員工們的生產技術，同時使
人感到公司在困難時期能與員工同舟共濟，從而加深了員工對公司
的感情。

　　同時，松下公司十分注重感情投資和感情激勵。值得一提的
是他們的「送紅包制度」。當你完成一項重大技術革新，當你的一
條建議為企業帶來更大效益的時候，老闆會毫不吝惜地重賞你。松
下公司建立的「提案獎金制度」更有特色，每年員工提案達 60 多
萬條，其中有 6 萬多條被採納，約占 10%，每年發給員工的提案獎
金就多達 30 多萬美元。

　　而逢年過節，或者周年慶，或是員工結婚，廠長經理們都會
慷慨解囊，請員工赴宴或上門賀喜或慰問。在餐席上，上級和下屬
可盡情聊家常、談時事、提建議，氣氛和睦融洽。它的效果遠遠比
站在講臺上向員工發號施令好得多。久而久之，在松下公司就形成
了上下一條心，和諧相容的「家庭式」氛圍。

　　許多部門的企業文化建設深入不下去，往往是精神文化建設環節
出了問題，在塑造企業共同價值觀上碰到了難題。解決價值觀問題僅

憑一般性的宣傳教育或文化手段難以奏效，必須在管理上突破，才能收到實質性效果。這既是企業文化建設的本質屬性所決定的，也是價值觀生長發展的規律所要求的。

企業管理從「人為」走向「自主」，靠的是認同企業精神，靠的是共同的價值觀。企業的管理思想、管理原則、管理制度以及發展戰略等是否科學有效，是否合乎企業發展和員工成長規律，是最終決定能否形成企業共同的價值觀的必備條件。

一個成功的企業一定要有完善的制度結構、有競爭力的核心技術、有創新精神的企業領導者及管理團隊和積極和諧的企業文化，以增強員工的榮譽感和自豪感。

7. 人有了目標就會有精神

　　對員工來說，事業發展與規劃是一個不斷尋求工作與生活品質滿意的動態平衡過程。對組織來說，說明下屬規劃和發展他們的事業是最具長期效應的激勵措施。通過事業發展與規劃管理，能使員工的需要和利益相容於組織的目標和利益。事業發展與規劃管理的過程，也就是組織和個人的目標和利益相匹配的動態發展過程。

　　日立公司研究開發的主體是一支龐大的專業公司員工隊伍。如何培養和使用這些人才，對日立公司來說至關重要。

　　日立公司在對國內外人才進行充分研究之後發現：只要員工做他想做的事，員工的能力就會有很大的提高。所以日立公司為專業公司員工安排工作的方針是：按照本人意願，做想做的工作，去想去的部門，從錄用員工的那天起，就愛惜每個人，想辦法培養、開發其智慧。

　　日立公司通過研究，瞭解到「人有了目標就會有精神」。所以，在專業公司員工的培訓中，公司強調讓員工瞭解公司的使命、經營方針以及各種制度，使員工認識到個人的責任，自主自立、自我提高。鼓勵專業公司員工根據經營環境的變化主動學習、更新知識、啟發思想，同時對研究開發人員的學習和工作成績及時給予評價。由於重視專業公司員工的培養，日立公司形成了他們引以為榮的技術優勢和專業公司員工精神，從某種意義上講，這也是日立公司的一種企業精神。

　　事業發展和規劃管理是以企業與員工共同成長、共同發展和共存共榮觀念為基礎的，是企業以人為本管理思想的較好的實現方式。

它具有深層次的激勵效應，具體表現在：

① 從資訊溝通的方式看，以上的匹配過程是一個單線的雙向交流過程，這一過程允許下屬自由提問，使下屬具有平等感；

② 從滿足下屬的需要層次看，這一過程能滿足下屬的情感需要、受尊重的需要，以及有助於滿足自我實現的需要，所滿足的是高層次的需要；

③ 從豐富工作內容方面看，這一過程有助於下屬選擇他願意做的工作，雙方可以討論重新設計工作和工作輪換問題，可以討論調整工作責任問題，這些都可以提高員工的工作生活品質；

④ 從下屬的事業發展方面看，雙方討論下屬的事業發展領域及所需的技能，並為他提供繼續教育和通過參與特殊項目來發展下屬的個人能力的機會。這樣有助於留住優秀人才。

作為管理者，要善於將員工的績效與對組織的貢獻聯繫起來，增強下屬對組織的歸屬感和自豪感，並有助於培養下屬從組織大局考慮問題；另一方面，管理者還要聽取下屬工作績效的自我評價，這樣有助於下屬提高對工作本身的績效。

這是因為：

① 從維持下屬的事業和家庭的平衡發展看，雙方討論下屬對業餘時間的支配和發展家庭關係問題，還能滿足下屬提高生活品質方面的要求；

② 從下屬事業發展的途徑看，能使下屬的事業發展途徑多樣化，他既可以沿垂直的組織等級階梯向上發展，也可以在平行的相關職位上發展，還可以通過進入「專家組」，作為「核心分子」來發展；

③ 從對組織發展的風險防範角度看，由於雙方討論的問題都是未來導向性的，就使組織變革和下屬的工作轉換都處於相對平衡的狀態，避免突然變化給雙方帶來的損失。

為員工規劃事業生涯是領導者的職責。一旦規劃得以表達，就要由你及你的團隊負責將它變為現實。

8. 將工作重點放在員工共同關心的問題上

　　對於員工管理來說，提高其工作滿足感是非常重要的。著名心理學家洛克對工作滿足感下了一個定義，它是「對一個人的工作或工作經驗的評價所產生的一種愉快的或有益的情緒狀態。」工作滿足程度取決於員工自身對工作及其回報的期望值和實際值的差異。

　　員工對工作的期望主要是指對工作環境、管理環境、工作重要性、工作挑戰性以及工作優越性等的期望；工作回報的期望主要是對工作報酬、工作評價以及工作獎勵等的期望。當現實水準達到或超過了員工的期望值，員工就會產生工作的滿足感。

　　　　例如，公司進行了搬遷，新的工作環境要比員工想像中的要舒適，上司給員工安排了一件重要的工作，等等。而當現實水準沒有達到或低於員工的期望值，員工的工作滿足感就會減少，失敗感和挫折感就會增強。例如，員工優秀的工作表現沒有得到相應的評價，員工的薪資得不到提升，等等。

　　需要特別指出的是，員工的工作滿足感是員工自身的感受，對於同樣的職務、同樣的工作環境、同樣的待遇，不同的員工因為期望值不同，對工作的滿足程度也是不相同的。

　　因此，當管理者在分析員工的工作滿足程度時，要將重點放在員工所共同關心的問題上，提高整體員工的工作滿足感。

　　如果一位員工不能從工作中獲得滿足感，效率是絕不會有突破的，其表現也就像一部機器，千篇一律機械式地轉動。作為管理者，必須瞭解怎樣使員工對自己的工作產生滿足感，針對他們的期望，作出一連串的配合行動。

下面是影響和支配員工滿足感的因素：

① 被賞識。任何人都喜歡被稱讚，尤其是在同事們面前，管理者的贊許使他感到自豪並有成功感。

② 與人看齊。員工有互相比較的心理，如果員工知道自己的待遇不如別人，就會感到沮喪及憤憤不平。

③ 自由範圍較大。被別人限制行動，會使人感到苦惱，每個人都希望在一定的範圍內，有自由支配一些事情的權力。

④ 人際關係良好。人是群體而居的，人際關係良好，對員工自己的情緒有著安撫的作用。

⑤ 貢獻感。知道自己對企業有貢獻而備受推崇或歡迎，心裡會產生很大的滿足感。

根據這幾點因素，管理者可對員工進行滿足感的培養。

9. 讚美能使員工更加成功

讚美員工是一種藝術。恰當的讚美，能夠調動工作的積極性，能夠使彼此的關係和諧。對企業管理者來說讚美員工是一筆小投資，但它的回報卻是非常豐厚的。

然而，在日常工作中，有些管理人員總擔心在管理過程中會使他們自我陶醉、滋生怠惰和不思上進，同時也害怕其他員工在背後議論，說對下屬不能一視同仁，對員工不平等。其實這種擔心是多餘的。

美國玫琳‧凱化妝品公司的創辦人玫琳‧凱，通過努力獨自建立起了高明的領導技巧。她說：「我們承認人們需要被肯定，因此我們盡可能給人們以肯定。」

事實確實如此，她要業績好的人站在臺上接受大家的讚美歡呼，她頒給他們獎狀，來肯定這些業績超群的人，並且經常親自接見他人，給他們以言詞上的鼓勵。

玫琳‧凱認為，讚美是一種最強有力的肯定方式，上級的讚美有助於屬下的成功，這就是「讚美使別人成功」的原則。玫琳‧凱明白，沒有比讚美和肯定更能使人反應強烈的東西了。因此只要成功，哪怕是一點小成功，玫琳‧凱也會不遺餘力地大加讚賞。她說：「我認為你應該儘量隨時稱讚別人，這有如甘露降在久旱的花木上。」

任何人都渴望得到肯定，得到讚美，無論是身居高位還是位元處卑微，也無論是剛入公司的年輕人，還是晉升無望即將退休的老員工。

讚美能化解百年冤仇，讚美能使古板呆臉增添笑容。人們普遍地希望能得到別人的讚美，對於讚美他的人，自然地也就容易接受。被

讚揚的員工不但不會驕傲，反而會為受到讚揚而更加努力。

特別強調的是，讚美是需要發自內心的，真誠的。當然還有最根本的一點，就是要基於事實，切莫虛誇。管理人員讚揚員工，一定要在員工的工作成績達到該讚揚的程度時才讚揚。只有這樣，員工才會產生無限的喜悅和神聖的使命感，感到自己得到了預想或意外的承認，而對工作會更加積極努力。

對員工在團體中的優良成績，千萬別忘了利用機會予以肯定，這是領導應該做的事情。當某位員工把這件事做得很好時，他應該得到你的贊許。

10. 讓員工感到在工作上「有奔頭」

當今時代是一個新經濟時代，在國內外的成功企業尤其是高科技企業中，都實行了「以人為本」的管理模式，這些企業不僅僅給予人才優厚的物質待遇，更重要的是給他們一個寬鬆的創新、創業的環境。

因此，作為企業的管理者，要充分認識到：對人力的投入不是一項花費，而是一項投資，而且這種投資是有產出的，並能不斷產生出更多的回報。

摩托羅拉公司前培訓主任說過：我們的（培訓）收益大約是所投資的 30 倍。而日潔公司，高層領導卻認為，人事管理是花錢而不是賺錢的事務，是一種應該儘量減少的開支。幾年來，日潔公司一直是需要人就到市場上去招，幾乎沒有對員工進行過培訓。

重視短期投資回報率，沒有樹立長期人才投資回報觀，這也正是許多企業普遍存在的現象。在日潔公司，人事主管無權參與公司的戰略規劃和重大決策。2000 年，日潔公司收購了一家生物製藥廠，對於這項重大決策，人事主管事後才知道．收購不久，由於缺乏該項生物技術的專業技術人員，不到幾個月，該廠就被迫停產。

可見，這種傳統的人事管理必然造成當公司戰略規劃發揮作用時，卻得不到人力支持的現象。

在日潔公司，包括許多中國企業都存在著這一觀點，認為人力資源管理只是人力資源部的事。而事實上，不論是人力資源部，還是其他部門，都會被圍繞「人」的系列問題所包圍，人力資源的管理是全體管理者的職責。

才富
21 世紀最貴的資產是人才

　　人力資源管理的大部分工作，如對員工的績效考核、激勵等，都是通過各部門完成的，人力資源部這時主要起協調作用。想要留住人才，還需要有效的人力資源開發手段、方法和技術。而日潔公司在這方面的工作幾乎是空白。由此可見，採取傳統的人事管理的日潔公司，造成今天這種局面是必然的。

　　　　企業就好比球隊，可以高薪聘請到大咖球星，但是，如果這些球星以後只能同乙級隊打比賽，也一定留不住他們。要想留住人才，不但需要充分發揮他們的作用，還要讓他們有明確的奮鬥目標。這就要求管理者幫助員工進行職業生涯規劃，瞭解員工任務完成情況、能力狀況、需求、願望，設身處地幫助員工分析現狀，設定未來發展的目標，制訂實施計畫，使員工在為公司的發展作貢獻的過程中實現個人的目標，讓事業留住人才。

　　企業要想真正留住人才，必須樹立現代的人力資源觀，儘快從傳統的人事管理轉變到人力資源管理上。

　　需要指出的是，在知識經濟時代，不僅要把人力作為一種資源，而且應當作為一種創造力越來越大的資本進行經營與管理。

　　將員工的個人發展融入企業的長遠規劃中，讓企業的發展為員工提供更大的空間和舞臺，讓員工的發展推動企業的更大發展，讓員工在企業有自己明確的奮鬥目標，感到自己在企業裡「有奔頭」、有價值，願意在企業長期做下去；在公平、合理的激勵機制下建立薪酬體系、晉升制度。營造一個和諧的工作環境和人際關係氛圍，讓員工能夠在工作中找到並享受樂趣。

第 7 章

讓招聘而來的優秀人才翩翩起舞

招聘而來的優秀人才，需要一個真正屬於他的舞臺，只有等你的
準備工作就緒了，這個真正的主角才會翩翩起舞。

—— 傑克·韋爾奇

才富
21 世紀最貴的資產是人才

1. 良才需從規範化面試中遴選出來

　　為了能高效遴選出優秀員工，公司或企業的人力資源部可採用規範化面試甄選員工。

　　規範化面試可為公司選擇合適的人才提供充分的依據，並為實現高效的甄選錄用人員、科學開發人力資源提供一種有效的技術手段。

一、擬訂規範化面試方案

　　規範化面試方案應由企業根據本身的特點擬訂出，可以借鑑其他企業的規範化面試方案，但不宜照抄照搬，更不能生搬硬套。

　　下面提供一份電腦公司規範化面試方案樣例。共由 5 部分材料構成，其內容及作用如下：

（一）《人員甄選中面試的技術規範》

　　這部分材料主要對面試的一般原則、內容、方法及所需注意的事項進行了說明，考官可以通過對這部分內容的閱讀，瞭解面試的基本情況，形成對面試程式的整體概念。

（二）《面試考核要素重要性及具體標準分析表》

表 7-1 面試考核要素重要性及具體標準分析表

崗位名稱 考核要求	市場開發人員	技術支援	安裝督導
舉止儀表	*** 得體地與客戶交流，代表企業形象	* 恰當的舉止態度，代表企業形象	* 恰當的舉止態度，代表企業形象

言語表達、理解	*** 有邏輯性、說服力、表達流暢	** 技術用語的表達清晰、準確	* 一般指導性言語表達
綜合分析能力	*** 市場分析能力、策略分析能力、資訊捕獲能力	** 設備技術分析能力、工藝分析能力	* 問題分析能力、問題解決能力
動機與崗位的匹配性	*** 有挫折承受力，企業忠誠度強，有保守秘密的能力		*** 能吃苦、耐勞、有恒心
人際協調能力	*** 協調與甲方的各種關係，開創、協調客戶關係	* 與他人的合作性	*** 與客戶建立良好關係
計畫、組織、協調能力	*** 組織策劃、設計能力	* 對技術細節的處理能力	** 安裝調試組織、協調能力
應變能力	*** 與客戶談判時應變的能力	** 對技術性提問的即時解答能力	** 實際問題的現場處理能力
情緒的穩定性	*** 面對挫折、刁難時情緒的穩定	** 面對挫折、刁難時情緒的穩定	** 面對挫折、刁難時情緒的穩定
專業知識	專業市場知識、英文、電腦	專業知識、英文、電腦	專業知識、動手操作能力、英文、電腦
其他（面試中很難考察，最好用筆試考核）	熱情、有責任心、主動、外向	耐心、細緻	體能好、堅忍、自製、負責、有事業心、適應性強、寬容

才富
21 世紀最貴的資產是人才

崗位名稱 / 考核要求	市場開發人員	技術支援	安裝督導
舉止儀表	*** 得體地與客戶交流，代表企業形象	* 恰當的舉止態度，代表企業形象	* 恰當的舉止態度，代表企業形象
言語表達、理解	*** 有邏輯性、說服力、表達流暢	** 技術用語的表達清晰、準確	* 一般指導性言語表達
綜合分析能力	*** 市場分析能力、策略分析能力、資訊捕獲能力	** 設備技術分析能力、工藝分析能力	* 問題分析能力、問題解決能力
動機與崗位的匹配性	*** 有挫折承受力，企業忠誠度強，有保守秘密的能力		*** 能吃苦、耐勞、有恆心
人際協調能力	*** 協調與甲方的各種關係，開創、協調客戶關係	* 與他人的合作性	*** 與客戶建立良好關係
計畫、組織、協調能力	*** 組織策劃、設計能力	* 對技術細節的處理能力	** 安裝調適組織、協調能力
應變能力	*** 與客戶談判時應變的能力	** 對技術性提問的即時解答能力	** 實際問題的現場處理能力
情緒的穩定性	*** 面對挫折、刁難時情緒的穩定	** 面對挫折、刁難時情緒的穩定	** 面對挫折、刁難時情緒的穩定
專業知識	專業市場知識、英文、電腦	專業知識、英文、電腦	專業知識、動手操作能力、英文、電腦

1. 良才需從規範化面試中遴選出來

其他（面試中很難考察，最好用筆試考核）	熱情、有責任心、主動、外向	耐心、細緻	體能好、堅忍、自製、負責、有事業心、適應性強、寬容

崗位名稱 ＼ 考核要素	英文譯員	出納	客戶接待
舉止儀表	*** 得體地與客戶交流，代表企業形象	* 一般要求	*** 舉止得體，具有禮儀知識
語言表達、理解	** 語言精確、流暢、理解性強、言語理解性強	* 一般要求	** 言語表達得體，禮貌、恰當
綜合分析能力			
動機與崗位的匹配性			
人際協調能力	** 與他人的合作性		*** 接待時處理好與客戶關係
計畫、組織、協調能力			
應變能力	* 一般要求		* 一般要求
情緒的穩定性	* 一般要求		* 一般要求
專業知識	科技英文（聽，說，寫）、電腦	財務知識、電腦	英文、電腦
其他（面試中很難考察，最好用筆試考核）	機敏、反應快	細心、責任心強、誠實	耐心、口齒清晰

備註：*** 表示十分重要；** 表示比較重要；* 表示一般考察；沒有標號的情況表明無需考察；方格內的文字內容為考核時需側重的方面及其標準。

　　上面這個分析表是用於記錄在對應試的不同職位人員進行規範化

面試時，必須考察和評定的考核要素及其重要程度。通過列表說明針對各種職位應考核的各要素和要素的重要性及其具體標準，考官可以據此估算各考核要素的權重數，並根據所列要素在具體考核應試時做全面的觀察和判斷，有利於考官能夠從應試者的種種應對和表現中敏銳準確地把握資訊，依據規範化評分標準統一評分。

面試分兩部分進行：第一部分，考察應試者的綜合能力；第二部分，考察應試者的專業知識和技能。

一般來說，面試中需考察的方面可歸納為以下12個基本要素，（見表 7-2）：

表 7-2

第一部分：綜合能力	第二部分：專業知識和技能
• 舉止儀表	• 專業性知識水準和專業培訓經歷
• 言語表達	• 專業知識應用水準和操作技能
• 綜合分析能力	• 一般性技術能力水準
• 動機與崗位匹配性	• 外語水準
• 人際協調能力	
• 計畫、組織與協調能力	
• 應變能力	
• 情緒穩定性	

（三）《規範性問題設計和題庫》

1. 規範化面試問題設計是針對 6 種不同職位分別設計了 6 套問題程式，每套問題程式中包含 6 種基本的考核題型，對所需考核的各方面因素進行考察（參見本篇「五、規範化面試的考核要素與題型」介紹）。

2. 面試題庫所包含的題目內容，涉及以下各個方面：

● 一般性問題，如學校教育、工作經歷、未來計畫目標；
● 心理素質自我評價問題，如能力、個性特徵、人際交往方面；
● 專業崗位性問題，按崗位分類為：行政辦公、總務、人力資源、後勤、業務、銷售、市場、採購、生產、技術部分、商品管理。

(四) 《規範化面試個人評分表》

這部分材料包含一套針對每名應試者獨立設計的評分表。每張評分表列出需考核的各種因素，同時留出「個人考察要點」一欄，供考官在面試前可針對每名應試者在簡歷上所反映的情況，記錄需重點考察的方面，以便於充分利用面試中與應試者面對面交流的機會，盡可能全面地獲取應試者的資訊。考官可在《個人評分表》上直接用 10 分制記分，並根據提示，針對個人具體情況提問。

表 7-3 規範化面試個人評分表

編號：ＸＸ　　姓名：ＸＸＸ　　性別：男　　年齡：30　　學歷：本科
專業：無線電工程　　現職務：副經理　　應試聘位：市場開發類

考核要素	觀察要點	極差	較差	中等	較好	極好
舉止儀表	衣著打扮得體；言行舉止隨和，有一般的禮節；無多餘的動作	1 2	3 4	5 6	7 8	9 10
言語理解和表達	理解他人意思，口齒清晰、流暢，內容有條理、富邏輯性；他人能理解並具一定說服力，用詞準確、恰當、有分寸	1 2	3 4	5 6	7 8	9 10
綜合分析能力	對事物能從宏觀總體考慮；對事物能從微觀方面考慮其各個組成部分；能注意整體和部分之間的關係和幾個部分間的有機協調組合	1 2	3 4	5 6	7 8	9 10

動機匹配性	興趣與崗位情況匹配；成就動機（認知需要、自我提高、自我實現、服務他人的需要等）與崗位情況匹配；認同企業文化	1 2	3 4	5 6	7 8	9 10
人際協調能力	人際合作主動；理解企業中權屬關係（包括許可權、服從紀律等意識）；人際間的適應有效溝通（傳遞資訊）；處理人際關係原則性與靈活性結合	1 2	3 4	5 6	7 8	9 10
計畫織、協調能力	依據部門目標以預見未來的要求、機會和不利因素並做出計畫；看清衝突各方面關係；根據現實需要和長遠效果適當選擇，及時做出決策、調配、安置	1 2	3 4	5 6	7 8	9 10
應變能力	有壓力狀況下：思維反應敏捷；情緒穩定；考慮問題周到	1 2	3 4	5 6	7 8	9 10
情緒穩定性	在較強刺激情境中表情和言語自然；受到有意挑戰甚至有意羞辱的場合，能保持冷靜；在長遠或更高目標上，抑制自己當前的慾望	1 2	3 4	5 6	7 8	9 10
專業知識和技能	針對不同職務考察專業知識，考察一般性技能，電腦水準、英語水準	1 2	3 4	5 6	7 8	9 10

個人考察要點	①離開原公司的原因，個人目標如何；本公司職位的吸引力何在； ②具體談對銷售、市場方面工作的想法，有何業績，是否適應常出差； ③優勢是有合資和外企工作經驗、市場部工作經驗職位較高，熟悉市場開發過程，有經驗；年齡上成熟。	記錄：
考官評語	考官簽字 年　月　日	

（五）《得分平衡表》

為確保平等對待所有應試者，考官應將所有應試者的分數集中在一張《得分平衡表》內，參照對前一名應試者的評分，確定對當場應試者的評分標準。

此表也可以用於匯總多個考官對同一名應試者在各個面試要素上的得分，便於監控和平衡考官之間評分標準差異懸殊的現象。

總分的計算公式參見表 7-4 中的備註。

表 7-4 得分平衡表

應聘崗位：市場開發人員

考核因素	綜合能力得分（占總分百分比：P%）									專業知識得分（占總分百分比 Q%）		考核總分
	舉止儀表	言語表達理解	綜合分析能力	動機與崗位的匹配性	人際協調能力	計畫、組織、協調能力	應變能力	情緒的穩定性	綜合能力總分	專業知識	專業知識校正分數	
權重	0．67	0．67	0．67	2	2	1．33	1．33	1．33		10		
1												
2												
3												
4												
5												
6												
7												
8												
9												
10												

備註：綜合能力得分、專業知識得分占總分百分比由考官針對具體職位要求制訂，填入橫線中，綜合能力總分＝求和（各項綜合能力因素得分 × 各自權重），專業知識校正分數＝專業知識 × 專業知識權重（10）；考核總分＝綜合能力總分 × 綜合能力得分占總分百分比〔P%＋專業知識校正分數 × 專業知識得分占總分百分比（Q%）〕。

二、規範化面試的過程

(一) 面試準備的 8 個步驟

第 1 步： 在面試前，閱讀《人員甄選中面試的技術規範》，瞭解面試的一般概況。

第 2 步： 基於職位描述和工作分析，分析確定面試考察要素及其重要性，填寫《面試考核要素重要性及具體標準分析表》，參見表 7-1。

第 3 步： 利用表 7—1，針對各種職位確定綜合能力部分、專業知識和技能部分各自的占分比例。例如：對市場開發來說，設定綜合能力占總分的 70%，專業知識占 30%。

第 4 步： 隨後，計算考核要素權重數。綜合能力部分和專業知識技能部分的考核要素的權重數分開獨立計算，每一部分權重數的和為 10，計算方法舉例如下（見表 7—5）。

第 5 步： 區分不同的職位，將確定的綜合能力部分和專業知識技能部分的占分比例數和對應各個考核要素的權重數填入《得分平衡表》的對應欄目中，以備計算最後總分。

第 6 步： 利用《規範性問題設計和題庫》，參照其中的規範性問題樣例，確定針對每種職位的具體考核題目，制訂符合自己的招聘情況的《規範性問題》。確定考核題目時，力求對應試同一職位的人員出大致相同的題目，以確保公平性。

表 7-5 考核要素權重數計算表

綜合能力要素	重要性	(*) ×10/ (*) 總數	權重數
舉止儀表	*	1×10/15	0‧67
言語表達、理解	*	1×10/15	0‧67

綜合分析能力	*	1×10/15	0·67
動機與崗位的匹配性	＊＊＊	3×10/15	2·00
人際協調能力	＊＊＊	3×10/15	2·00
計畫、組織、協調能力	＊＊	2×10/15	
應變能力	＊＊	2×10/15	1·33
情緒穩定性	＊＊	2×10/15	1·33
（*）總數	15	15×10/15	10·00

備註：＊＊＊表示十分重要，＊＊表示比較重要，＊表示一般考察

第 7 步：填寫制訂《個人評分表》，首先填寫每位元應試者的背景資訊，並把確實需要的考核要素標示出來或補充完全，其次參閱每一位應試者簡歷，把需要在面試中特別考察和進一步瞭解的問題填寫在「個人考察要點」——欄。準備好每位應試者的多份評分表，供所有考官在面試中對其個人的情況作記錄和評分。參見表 7—3。

第 8 步：面試前應確保以下材料的齊全：

● 應試者的個人簡歷；

● 《面試考核要素重要性及具體標準分析表》；

● 《規範性問題》（針對具體職位）；

● 《個人評分表》和《得分平衡表》。

（二）實施面試

面試時，參照《面試考核要素重要性及具體標準分析表》確定應考核的因素及側重點，參照《規範性問題》對應試者進行有針對性的提問，同時參考「個人考察要點」一欄進行個別提問。

考官應注意做到以下幾點：

其一、對招聘職位有充分瞭解，熟悉職位要求；

其二、語言規範，發音清楚，語速適中；

其三、集中心思，避免面試過程被中途打斷；

其四、注意觀察應試者的非語言行為；

其五、注意不要輕易下判斷，以貌取人；

其六、善於傾聽；

其七、注意控制面試節奏，把握好面試時間。

（三）評分

在對單一應試者完成面試之後，留下一段空餘時間，由面試考官分別根據應聘人員的面試表現獨立打分（給出應試者在每一個考核要素上的得分），同時對應試者的總體情況寫出簡明扼要的評語，如突出的特點、明顯不足、評定意見等。

（四）平衡好面試評分

為保證對所有應試者的平等對待，考官應將所有應試者的分數集中在一張表內（見表 7—4），參照對前一名應試者的評分，確定對當場應試者的評分。

另外，由於有數名考官對同一應試者進行考核，應將各個考官對應試者的評判分數加以比較，如果發現在分值上有較大差異，應在考官之間進行交流和協商，評出一個大家認可的分值。

（五）計算考核分數

考核分數的計算需根據考官在各個要素上評定的分數、綜合能力部分和專業知識技能部分各占總分的比例數，以及各面試者要素的權重數計算得出。

在《得分平衡表》的附注中有 3 個運算公式供使用，將資料代入公式，可計算求出每位應試者的面試考核總分。

三、規範化面試的操作技巧

（一）面試程式設計和問題安排技巧

面試過程可分為 3 階段

1. 預備階段

這一階段主要是以一般的社交話題進行交談，使應試人員自然地進入面試情境之中，以消除他們的緊張心理，建立和諧友好的面試氣氛。這一階段安排的結構化問題是導入性問題與行為性問題。

2. 正題階段

這是面試的實質性階段，安排的規範化問題是行為性、智慧性、情境性、意願性和應變性問題。另外，針對應試者個人情況，需進一步考察的要點問題可靈活穿插在其中，而應變性問題必須安排在最後，避免應試者情緒波動的影響，其他各類規範化題目可以靈活安排。

3. 結束階段

面試的結束要自然、流暢，不要給應試者留下某種疑惑或突然的感覺。這一階段可安排給應試者補充說明的時間。如果有欺騙性問題的設計，則應事後向應試者說明意圖。

（二）考官面試操作技巧

1. 提問的技巧（可與行為性問題相對照，解決沒有弄清楚的問題）

自然，親切，漸進，聊天式地導入正題。使用統一的指導語很關鍵。良好的開頭是成功的一半，目的在於緩解應試者的心理緊張。

通俗，簡明，有節奏感。提問時，考官應力求使用標準語言，避免使用有歧義的語言，不要用生僻字，儘量少用專業性太強的詞彙。不要只是照著念題目，而應有感情、有節奏地向應試者發問。

問題要有可評價性（與測評要素相對應）和延伸性（不是簡單用「是」或者「否」就能回答）。

堅持「問準」、「問實」的原則（STAR 追問法）。不允許應試者在這一問題上模棱兩可，含混回答。追問、瞭解、弄清楚應試者的真實情況和意圖。

必要時可採取迂迴的方式向應試者提問。如對於某些政治傾向和意願，可問：「你的同學和朋友是如何看這個問題的，你認為如何？」即採用投射法來瞭解應試者自己的真實情況。

⑤追問和提問相結合，以達到讓應試者多說，考官多聽的目的。

⑥給應試者提供補充的機會。應試者可能因為處於被動地位或心情緊張而不能充分發揮自己的水準，所以要有補償，如問「你還有什麼要補充的嗎？」

2. 傾聽的技巧

① 傾聽時要仔細、認真，表情自然，不能不自然地俯視、斜視，或者盯著對方不動，防止造成應試者過多的心理壓力，使其不能正常發揮。

② 慎用一些帶有傾向性的形體語言，如點頭或者搖頭，以免給應試者造成誤導。

③ 注意從應試者的語調、音高、言辭等方面，區分應試者的性格特徵和內在的素質水準。如講話常用「嗯」「啊」等間歇語的人往往自我感覺良好，要求他人對他地位的重視；聲音粗獷、音量較大者多為外向性格；講話速度快而且平直，多為性格急躁、缺乏耐心；愛用流行、時髦詞彙者大多虛榮心較強。

④ 客觀傾聽，避免誇大、低估、添加、省略、搶先、滯後、分

析和機械重複的錯誤傾向等。

3. 觀察的技巧

①　堅持觀察的綜合性、目的性和客觀性原則。

②　避免以貌取人，或者光環效應。

③　注意面部表情，通過對應試者面部表情的觀察和分析，可推測其深層心理狀況，在不同程度上判斷其情緒、態度、自信心、反應力、思維的敏捷性、性格特徵、誠實性、人際交往能力等；如當考官提出一些難以回答或窘迫的問題時，應試者可能目光暗淡、雙眉緊皺，帶有明顯的焦急或壓抑的神色。

④　注意身體姿態語言（手勢、坐姿、表情變化、多餘動作如捏衣角或攥手指等），這能提供有用的資訊，瞭解應試者的心理狀態。

　　與一般面試相比，規範化面試對面試的考察要素、面試題目、評分標準以及具體操作步驟等進一步規範化和精細化，並且統一培訓面試考官，提高評價的公平性，從而使面試結果更為客觀、可靠，使同一個職位的不同應試者的評估結果之間具有可比性。

2·招聘良才如何做到快速而有效

當前，企業最稀缺的「商品」既不是顧客、技術，也不是資本，而是人才。人才短缺是企業成長的最大障礙，因此，解決人才短缺是企業發展戰略的重中之重。

網景公司（Nnetscape）為了獲取人才不遺餘力。網景公司產品銷售量（6000 萬套網上流覽器）和收入超過以往任何軟體新秀。這意味著網景公司必須馬不停蹄地增加人員。1994 年 2 月網景公司成立時僅有兩名員工，一年後增加到 350 人。現在，該公司的員工總數超過 2000 人。

負責員工招聘和安排的梅德講得很明白：「在這裡，招聘員工是戰略舉措。人人都要參與進來。」

但是，也並非只有網景公司如此做法。思科系統公司（CiscoSystems）是一家成長迅速的網路設備生產商，總部位於美國加州聖約瑟市。該公司每隔 3 個月要招聘多達 1200 人，即使如此，仍有數百個職位出現空缺。

對此，你可以稱之為強力招聘。企業要想保持增長，就得不斷招聘。真正的挑戰不在於聘到人，而在於聘到合適的人並把他們變成一流員工，而且要迅速。

一、逐漸營造聲勢

發現英才最好的辦法是鼓勵他們來找你。

網景公司曾發瘋似地招人，使更多人瘋狂迷上了網景公司。

該公司每月收到多達 6000 份簡歷，面試 700 人。不是所有的企業

都如此引人注目，既做著實實在在的生意，又能博得人們的追隨。但這並不意味著它們不能吸引人才。思科公司就是一個成功的例證。該公司是一個富有競爭力的巨人企業，收入達 40 多億美元，市場價值逾 400 億美元。

但是，思科公司無法像網景公司那樣抓住大眾的心。因此，它運用遊擊戰術來提高自己的形象。思科公司的漸造聲勢戰略目標針對其產品的主要市場：國際互聯網本身。該公司的網址（http：//WWW．ciSCO．COm/Jobs）已成為強有力的招聘工具。想到思科公司找工作？你可以通過關鍵字，檢索與你的才能互相配對的空缺職位，也可以發送簡歷或利用思科公司的簡歷創建器在網上製作一份簡歷。最重要的是，該網址會讓你和其公司內部的一位志願者結成「朋友」。你的這位朋友會告訴你有關思科公司的情況，把你介紹給適當的人，帶你完成應聘程式。

然而，思科公司網址真正的威力，不在於它讓積極求職者行事更快捷，而在於它把公司推薦給那些滿足於現職、從未想過在思科工作的人。「我們積極瞄準那些求職不怎麼積極的人，」負責公司招聘的邁克爾說道。因此，該公司在它這種人才經常光顧的地方宣傳其網址。例如說，思科公司已和 Dilhert 網頁連線，這是擺脫工作桎梏的程式設計人員最鍾愛的網頁。

思科公司不斷提出該網址訪問者的報告，並據此調整其戰略。例如說，公司瞭解到大多數訪問者來自太平洋時區，時間在上午 10 點到下午 2 點之間。結論：許多人在該公司辦公時間尋覓工作機會。

為此，思科公司正在開發一種軟體，以方便這些偷偷摸摸找工作的人。這種軟體讓使用者點擊下拉式功能表，回答問題，並在

10 分鐘內介紹個人概況。它甚至還能替他們打掩護。如果上司正好走過，用戶只需點擊一下鍵就能啟動偽裝螢幕，把原螢幕內容轉換成「送給上司和同事的禮品單」或「傑出員工的 7 種好習慣」等。

二、絕不降低標準

快速招聘並不是說你得降低標準。秘訣在於，先決定聘用哪類人員，迅速篩除不合條件者，然後制訂一套技術手段，對剩下的求職者進行測評，看他們是否具備你所需要的特質。

雅虎公司是美國加州主攻國際互聯網搜索產品的企業，它就運用了上述方法。1995 年，兩位斯坦福大學的研究生創建了雅虎公司，一年後，該公司公開上市。雅虎公司在開展 IPO 業務時，僅有 65 名員工。現在的員工總數已是當時的 3 倍，並且平均隨時約有 50 個職位空缺。無怪乎雅虎的高級經理人要花 30% 的時間尋找、招聘及留住「合適的」人才。

但哪些人才是合適的呢？雅虎公司的業務運作高級副總裁馬利特說，公司已經找出傑出的雅虎員工的核心特性。他解釋道，只有在以下 4 個方面表現突出，應聘者才能加入雅虎：

● 人際關係能力：「我們的觀念是所聘用的任何人短期內都要負責管理其他人，」馬利特說道，「因此，我們看重良好的人際關係技能。」

● 影響力範圍：「我們所聘用的人應結識一批英才，利用內部員工的「黑名單」是我們最好的招聘方式。」

● 收緊、放開適當：「我們需要的人應能做實事，能調動各種手段完成項目。這叫「收緊」。但同時他們又能放得開，看到全域：該項目對公司的競爭力有何影響？」

● 熱愛生活：「我們希望人們熱愛自己的專長。事實上，多數具

217

有某一具體愛好者，如愛好體育、藝術和文化者，也熱愛生活。
這不僅指替公司幹大事，還包括在生活中成就大事。」

快速入門快速成長型企業難以形成足夠大的求職者資料庫，以滿
足它們對人才的渴求，迅速選定合適的人選更是難上加難。不僅如此，
它們還面臨這樣一個挑戰：把毫無希望的新手變成高效的老手。你可
以隨意把這一過程稱為入門指導、思想灌輸或基礎培訓，但它是強力
用人的關鍵要素。

思科公司的人力資源開發總監帕內爾把新員工的第一天稱為
「世上最重要的 8 小時。」他的個人使命是幫助思科公司實現這樣
一個目標：「在業內以最短的時間提高新員工的生產率」。

做到這一點需要辛勞和技術。2003 年，思科公司的員工調查
表明，有些新員工感到自己不像公司最寶貴的資產，卻像被遺失的
行李。他們的電話是壞的，有電腦卻缺少軟體，有了軟體卻不會
用。更令人奇怪的是，在一個與國際互聯網齊名的企業中，他們竟
要兩周之後才能得到電子郵寄地址。

對這一調查結果，帕內爾向行政總裁錢伯斯做了彙報，並獲
准建立快速入門流程，即一系列員工入門培訓活動。如今新員工報
到前，電腦軟體便跟蹤招聘流程，並提醒負責設備的團隊作好準
備。這樣，每個新員工一來就能到配備齊全的崗位上工作，並且接
受一整天的培訓，學習使用桌面工具（如電腦、電話和語音信箱
等）。快速入門流程不僅省卻許多煩惱，而且讓新員工看到公司
內部的生活，公司給每個新員工指派一名「師兄」（公司同事），
回答公司運作方面的問題。新員工還要參加為時兩天的「思科企業
精要」培訓，內容包括公司歷史、網路市場和思科的各業務單位。
新員工報到兩周後，所在部門的經理會收到一份自動發來的電子郵

件，提醒他們測評自己部門的舉措與個人目標。

MEMC 電子器材公司把企業入門指導變成自我管理的專案。該公司位於美國密蘇里州，是世界第二大矽晶片生產商。

最近幾年，該公司一直在儘快招聘人員。對這樣一個公司來說，找到英才固然不易，而讓英才們在這樣一個對技術要求最嚴格的行業中有效工作更難。

運作經理本頓還記得以前新聘車間經理人如何學習需要瞭解的一切。「我們用兩個星期把他們所需的一切灌輸到他們的頭腦中。」但隨著企業在不斷成長，工作僅 1 個月的經理人卻在管理工作時間不足 1 年的操作員。「我們簡直是瞎子領瞎子走路，」本頓說道。

於是，他開始佈置「論文」。現在，新經理人到達 MEMC 公司後，首先要用 4 周時間作研究並寫出一份報告，詳細說明公司如何處理製造流程某一步驟的所有業績指標。寫完報告後，他們還要跟公司資深員工學習數周。只有學習結束後新聘人員才能擔負起管理職責。

新聘的工程師也要花兩天時間埋頭熟悉公司的歷史和業務，然後領到一本工作手冊，裡面全是有關生產、採購及員工待遇等公司各方面的問題。他們要在一個月內回答這些問題。當然，完成工作手冊的唯一方法是與公司各級人員交談。

在這裡，新員工們都拼命構建關係網絡，以便學到盡可能多的東西。

招聘人才要快但也要有效，相信以上幾個案例可以為你提供一些反思。

3·控制人員流動是個大問題

降低成本以追求企業利潤最大化是永恆的企業主題。

有資料表明，因人員流動導致對新員工的成本支出將是原支出的150%。雖然試用人員的工資較低，但其管理費用遠遠高於對熟練工的管理，再就是因對工作不熟悉，而造成工作效率的損失。

控制人員流動，具體地說就是要解決好兩個問題，一是如何保證企業儘量少辭退員工；二是如何儘量減少員工辭職，這需要企業從客觀上營造良好的工作氛圍。

從微觀上來說，應在實施具體的經營管理行為過程中做好兩個管理階段的管理工作，聘用企業真正所需要的人才，讓員工真正瞭解企業。

一、試用期的人員管理

一個良好的工作氛圍，是吸引人才的關鍵一步。但是被吸引住的那些人才均是企業所需要的嗎？企業用得了那麼多人嗎？這就需要建立一套嚴格的錄用考察機制，從被公司吸引住的人才中挑選出真正需要的人才。

其一、因事設崗。

設崗時，應對工作量進行合理的配置，避免因人設崗或即使是因事設崗因沒有安排合理的工作量產生的人浮於事和人工成本浪費的現象。因事設崗不會使新招的人無事可做，也不會對現有人員產生危機感而導致辭職，另謀他路。

其二、確定與考察應聘資格。

要事先認真分析需用人崗位的工作職責，並依此確定一個較全面、合理的應聘資格，包括自然條件、經驗和能力、性格特性等。

按照需求選人可使企業儘快地招到合適的人員，又能保持新聘人員的穩定。因為你不會因其力不從心而辭退他；也不會因其大材小用，另謀高就後而辭職。

全面的考察體系是非常重要的，只有這樣才能保證所招人員符合崗位的要求，能夠從事企業對崗位設定的工作職責。在考察能力時，最重要的是杜絕一人決策，避免選人不當用錯人，而辭退員工。

性格特性要求是完成工作的一個補充條件，在某種情況下，可能是很重要的條件。

在具體的操作中，常將上述 3 個方面的考察按內容分別採用筆試、面試、情景模擬的形式，按招聘級別的不同分別採用輪流公開競標、民主評審、多種考評相結合及分別面試、分別測評、共同決策兩種方式。前者適用於中高層管理人員和重要崗位的人員，後者適用於一般職員。

其三、工作環境適應性培訓。

初選者雖然基本滿足了應聘資格，但他還需要工作環境適應性培訓。企業應把每位新員工均當成公司的財富，詳細地向他們介紹各方面的情況，讓其產生被重視感，縮短其適應環境、進入角色的時間，儘早為企業創造效益。

其四、合理利用試用期。

用人單位應有意識地為全面考察新聘用人員而科學的安排其工作，以真正瞭解他們的工作能力、合作精神、品行、人生觀等，從而

提高試用期限的運用效果，避免轉正後不能勝任工作而被辭退。

其五、對正式聘用人員的考評。

對試用人員轉為正式職員的考評也應嚴格、全面、客觀地進行，確保正式聘用人員是企業真正需要的人員。

招聘工作中還有一項瞭解應聘人員應聘目的的任務，對到企業工作心存疑慮的人員應認真對待，詳細瞭解其調動工作的頻次及其真實原因，以確定招聘的每一個人都有在企業長期工作的願望，從而降低企業的人員流動率以降低企業的人工成本。

二、合理公正的考評與獎懲

通過考評可以瞭解到企業所聘人員是否能夠勝任本職工作及其工作績效。下面就能夠嚴重影響員工工作情緒、可能產生離職之意的 3 個方面進行一下討論。

其一、目標管理

目標管理是當前制訂工作計畫、考核工作成績較有效的方法之一。它最主要的優點表現在互動性上，管理者與具體操作者共同制訂工作目標和工作計畫，能大大提高員工的主動性。

其二、考評方法

學術界對考評方法已基本有所共識，就是數量考核與 360 度考核相結合的方式。但是雖然 360 度考核是周邊調查，但考評人，勢必會有憑感覺打分的專案，這就不合理、不公正。在實踐中採用個人述職與 360 度調查相結合的方法，效果甚佳。

其三、制訂獎懲標準

超額完成工作計畫就應當獎，沒有完成任務就要考慮是否罰。為

什麼沒有完成任務就要考慮是否該罰呢？而不是一定就得罰呢？這又是一個能否留住員工的關鍵。

完不成工作任務共有 3 種情況：一是自身能力不足；二是有能力，但工作不努力；三是外界不可抗力原因。外界不可抗力還包括公司內不可抗力和公司外不可抗力兩種。如果獎懲制度不合理，誰又能保證企業沒有與「倒楣」的高素質人才失之交臂呢？

最後，培訓和職業生涯規劃制度也是留住員工的一個關鍵因素。

4. 新員工入職前後，你該做什麼

　　作為一個老闆或管理者，你是否也曾這樣認為：新員工來了就來了，他們應該自己瞭解環境，適應環境，該做什麼就做什麼，叫他們做什麼就做什麼就行了。如果他們能夠適應下來，那他們就是優秀的，如果他們沒能適應下來，那麼他們就是能力不及，「命該如此」。

　　實際上這些想法一方面是管理者觀念陳舊落後的表現，另一方面是偷懶的表現，更是不負責任、管理能力欠缺的表現。

　　一個優秀的管理者，在新員工入職前後應做好如下工作，見表（7-6）：

入職前的工作	入職後的工作
1. 妥善處理員工離職（不含新崗位招募）。 在部門人員進行更替時，管理者應妥善處理離職人員，目的是避免發生勞資糾紛，避免公司資訊洩漏及其它損失，周到完成交接等。	1．工作前的培訓。 ①管理者須以部門「組織結構圖」形式確定新員工在部門中的位置，及新員工的發展與晉升方向； ②管理者須將部門內其他成員的工作範疇及職責向新員工列表講述； ③管理者須針對「職位說明書」的內容對新員工進行詳細講解； ④管理者應讓新員工瞭解部門內各類規章與要求，讓新員工能準確無誤的行使部門的使命，並在行使使命、完成任務的關鍵點對管理者做出及時回饋； ⑤管理者須針對部門團隊精神與工作作風進行宣導，對新員工的穿著、打扮、言談、禮貌等做出明確要求；

	⑥管理者須對新員工的時間觀念、誠信觀念、參與觀念、尊重觀念等提出明確要求； ⑦管理者須向新員工介紹公司相關接洽人，及與本部門之間的相關業務，及相關接洽部門的工作作風。
2. 與部門其他成員進行溝通。 這一行為將將為新員工打通人脈，讓部門其他成員有「迎新」的思想及工作準備。同時運用團隊能力快速處理離職人員的遺留問題，為新成員的到來掃清障礙、免除紛爭，讓新成員能快速融入團隊並積極投入有效的工作中去。	2‧迎接新員工。 管理者帶領部門原成員舉行「迎新」小儀式，以非正式、友好、熱情的氣氛進行部門內交流，給新員工與其他成員互相介紹的機會，增加部門成員與新員工之間的認識，使團隊氣氛更加和睦、融洽。
3‧對工作重新分配與整合。 在實際工作過程中，部門的工作分配問題都會顯露出各式各樣的不合理或不周到，那麼部門人員「辭舊迎新」的時候，是進行工作重新分析與分配的良好契機。如能與部門其他成員一起，進行部門工作匯總與盤點，並計畫新員工的工作範疇的話，部門建設就更上了一個臺階。	3. 投入關注、觀察與引導。 針對新員工入職時「找不著北、四處碰壁」的現象，管理者應投入大量的關注、觀察與引導，至少在新員工「新的一週」內如此。

4. 預備辦公用品、設備。 在新員工入職前，管理者應提前為新員工準備好新員工所需的各種辦公設備、輔助工具，如電腦、電話、日常辦公文具、辦公桌椅、其它機器設備等。一個設想周到、準備充分的工作環境能讓新員工有「回家」的親切感，既能表現出部門的誠意與關懷，又能使新員工放鬆心情，心存感激。	4‧對工作難度逐步升級適時鼓勵。 在新員工較好完成工作時給予及時鼓勵，一方面降低新員工的壓力，增強新員工信心，逐步實現任用；另一方面減少工作中出現錯誤的機會，避免損失。
5. 擬定新員工的「新的一周」。 「新的一周」應包括：新員工在一周內的工作內容、工作次序、工作目標、工作物件、工作接洽人等。	5. 巧妙安排新員工處理特殊事件。 在新員工處理特殊事件時，管理者從旁觀察，並在事件失控時進行引導；借此觀察新員工的快速反映能力、處事經驗、處事作風等；特殊事件處理，能幫助新員工發揮潛力，增加管理者對新員工的認識。
	6‧調整並確定新員工的工作安排。 通過新員工的實際表現調整其工作範疇與內容，通過新員工的個人取向、能力與強弱處等，完善及調整新員工的工作安排。
	7‧對新員工在部門內的發展做出規劃與指引。 根據具體情況、結合新員工的個人意見，對新員工在部門中的位置做出更新，並對新員工的橫向、縱向發展做出規劃與指引，明確新員工的發展目標與方向。

優秀的管理者應當有這樣的觀念：每一個入職後的員工都應該被充分的發掘，只要文化理念、價值觀基本符合並且珍惜公司的人，就值得認真仔細思量，錯過或錯用人才將會給公司帶來無法估量的損失。

有許多在當前崗位不太適應的員工,很有可能在公司其它崗位能夠大有作為,所以管理者須以開放、靈活的眼光看待已有的員工資源,各部門之間的人力資源應該積極流動。

新員工順暢的入職將花費管理者一定的精力與時間,這個勿庸置疑。其實與其說這是一種花費,更應該說這是一種鋪墊與投資。為了保證優秀員工能得到確定並留在公司,建議在進行新員工入職試用時,增加可選的試用人數,一方面可以在工作競爭中挑選出最合適的人,另一方面能保證用人基本需求。

新員工就是新力量,這些力量能使公司蓬勃發展。

5. 海爾是如何彈奏新員工培訓「4 步曲」的

先進的培訓方式能引導說明大學生正確、客觀地認識企業，進而留住他們的心。

海爾作為一個世界級的名牌企業，每年招錄上千名大學生，但是離職率一直很低，離開的大部分是被淘汰的（海爾實行 10/10 原則，獎勵前 10% 的員工，淘汰後 10% 的人員），真正優秀的員工多半會留在最後。

那麼海爾是怎樣進行新員工培訓的呢？

第 1 步：讓員工保持良好的心態

這第 1 步很重要。有些企業迫不及待地向新進畢業生灌輸自己的企業文化或職業技能，強迫他們去接受，希望他們能儘快派上用場，而完全不顧及他們的感受。畢業生新到一個陌生的與學校完全不同的環境，總會有些顧慮：待遇與承諾是否相符；會不會得到重視；升遷機制對自己是否有利等等。

在海爾，公司首先會肯定待遇和條件，讓新人把「心」放下，做到心裡有「底」。接下來會舉行新老大學生見面會，讓師兄師姐用自己的親身經歷講述對海爾的感受，使新員工儘快客觀瞭解海爾。同時人力中心、文化中心和旅遊事業部的上司會同時出席，與新人面對面地溝通，解決他們心中的疑問，不回避海爾存在的問題，並鼓勵他們發現、提出問題。

另外海爾還與員工就如何進行職業發展規劃、升遷機制、生活方面等問題進行溝通。讓員工真正把心態端平放穩，認識到沒有

問題的企業是不存在的，企業就是在發現和解決問題的過程中發展的。關鍵是認清這些問題是企業發展過程中的問題還是機制本身的問題，讓新員工正視海爾內部存在的問題，不走極端。

第 2 步：讓員工說出心裡話

員工雖然能接受與自己的理想不太適應的東西，但並不代表他們就能完全坦然接受了，這時就要鼓勵他們說出自己的想法──不管是否合理。讓員工把話說出來是最好的解決矛盾的辦法，如果你連員工在想什麼都不知道，解決問題就沒有針對性。所以應該為他們開條「綠色通道」，使他們的想法第一時間反映上來。

海爾給新員工每人都發了「合理化建議卡」，員工有什麼想法，無論制度、管理、工作、生活等任何方面都可以提出來。對合理化的建議，海爾會立即採納並實行，對提出人還有一定的物質和精神獎勵。而對不適用的建議也給予積極回應，因為這會讓員工知道自己的想法已經被考慮過，他們會有被尊重的感覺，更敢於說出自己心裡的話。

在新員工提的建議與問題中，有的居然把「蚊帳的網眼太大」的問題都反映出來了，這也從一個側面表現出海爾的工作相當到位。

第 3 步：讓員工把歸屬感培養起來

敢於說話了是一大喜事，但那也僅是「對立式」的提出問題，有了問題可能就會產生不滿、失落情緒，這其實並沒有在觀念上把問題當成自己的「家務事」，這時就要幫助員工轉變思想，培養員工的歸屬感。讓新員工不當自己是「外人」。

海爾本身的文化就給員工一種吸引，一種歸屬感，並非像外界傳聞的那樣，好像海爾除了嚴格的管理，沒有一點人性化的東

西。「海爾人就是要創造感動」，在海爾每時每刻都在產生感動。領導對新員工的關心真正到了無微不至的地步。你會想到在新員工軍訓時，人力中心的領導會把他們的水杯一個個裝滿酸梅湯，讓他們一休息就能喝到嗎？你會想到集團的副總專門從外地趕回來目的就是為了和新員工共度中秋嗎？你會想到集團領導對員工的祝願中有這麼一條——「希望你們早日走出單身宿舍」（找到對象）嗎？海爾還為新來的員工統一過生日，每個人可以得到一個溫馨的小蛋糕和一份精緻的禮物。首席執行官張瑞敏也會特意抽出半天時間和大學生共聚一堂，溝通交流。

對於長期在「家」以外的地方漂泊流浪，對家的概念逐漸模糊的大學生來說（一般從高中就開始住校），海爾所做的一切又幫他們找回了「家」的感覺。

第 4 步：讓員工把職業心樹立起來

當一個員工真正認同並融入到企業當中後，就該引導員工樹立職業心，讓他們知道怎樣去創造和實現自身的價值。

海爾對新員工的培訓除了開始的導入培訓，還有拆機實習、部門實習、市場實習等等一系列的培訓，海爾花費近一年的時間來全面培訓新員工，目的就是讓員工真正成為海爾軀體上的一個健康的細胞，與海爾同呼吸、共命運。海爾通過樹立典型的形式積極引導員工把目光轉移到自己的工作崗位上來，把企業的使命變成自己的職責，為企業分憂，想辦法解決問題，而不單純是提出問題。海爾新來的大學生會利用週末時間走訪各商場、專賣店，觀察海爾的展臺，調查直銷員的表現，發現問題並反映給上級領導；還有的在和一般市民閒談交流的過程中，發現了海爾產品或服務方面的缺陷，就把顧客的姓名、住址、電話等資訊記錄下來，反映到青島工

貿。

　　總之，由於大學畢業生是剛剛由學校進入社會，公司初期的培訓方式就顯得格外重要。管理者應採取能與公司實際情況結合的技巧和方法，讓員工自己去體驗，自己去表現，讓培訓工作成為員工的一種主動行為。

6. 怎麼樣讓新夥伴快速融入大家庭

一般來說，公司每增加一個人，部門內部交流的需求將以指數增長。有時候一個人的加盟甚至引起整個團隊的重組，產生全新的工作方式。所以，確立新員工的認同感顯得尤為重要。

確立新員工的認同感需要時間和努力。如果不能使新員工順利融入整個團隊中，他們就容易在工作中出差錯，變得孤立，甚至與同事發生不必要的衝突。一些公司或許對員工採取自然淘汰的態度：合則留，不合則走人，而大多數公司是經不起人員的頻繁進出的。

要知道公司雇傭的並不是一個工作的工具，而是接受一個新夥伴，或者有可能成為新夥伴的人融入公司的大家庭中。只要付出誠心和細心，並採取一些切實的步驟，就完全可以確立新員工的認同感，從而避免使公司陷入留不住新人的境地。

確立新員工的認同感可採取以下步驟：

第 1 步：經營好初期印象

初期印象是至關重要的。要設計一套定位方案，當新員工一到公司後即開始啟動，向其提供相關資訊。其中最重要的一條原則就是向新員工介紹老員工，同時向老員工介紹新員工。

有一家公司歡迎新員工的方法很特別：為新員工拍照片，將他們的照片貼在一張大紙上，同時寫上新員工的兩句話：第一句是我最滿意的成就，第二句是我最重要的事務。這張紙在全體成員的例會上展示。

另一家公司採取由部門領導向老員工提供新員工的簡易備忘

錄的辦法來歡迎新員工，效果很好。這份備忘錄包含新員工的相關
資訊（如出生地、所在崗位、學歷、辦公地點等），當新員工上班
後，大家都瞭解新員工的相關情況，大家相互問候，自然感到氣氛
融洽。

第 2 步：積極給予支持

新員工需要清晰地瞭解組織對他的期望。需要有人把他們介紹給
那些能對其完成工作有說明的人，需要有人向他們介紹有關設備和系
統的使用方法，需要有人帶他們瞭解公司的設施情況。這需要熱心和
時間。團隊領導有責任組織安排人做這些工作。

一家諮詢公司的高層領導專門安排一名人事協調員，其任務
就是在新員工進入公司的最初幾天實行一對一的幫助。例如教新員
工使用電話系統，向他們介紹公司的資源狀況，向他們示範如何進
入公司的電腦網路，向新員工介紹他們將與之打交道的人，介紹辦
公用餐規定以及回答許多表面上十分瑣碎的問題。這些問題一般人
是不願意問隔壁辦公室的人的。

第 3 步：讓員工感到自身的價值

高水準的內部培訓專案不僅培養新員工所需技能，同時也給新員
工發出明確的資訊，即公司關心員工的職業生涯發展，並且願意在他
們身上投資。

一位公司領導感慨地說：「公司客戶的品質和我們公司員工
的素質常常是新員工決定去留的關鍵因素。」這位領導說，他們公
司在每一名新員工來到的第一天早上都要舉行特別會議。這使整個
團隊有機會與新員工討論其原有的客戶與公司的關係，以及新員工
原有客戶中哪些公司有可能成為公司的客戶。

有時候新員工會帶來一些可以應用的新方法、新經驗。如果這些新方法確實有益的話，那麼不要猶豫，立刻把這些新方法使用到公司的銷售計畫或公司內部的培訓課程中。新員工在與本公司不同環境、不同客戶的工作中積累了大量經驗，這些經驗常常能給本公司帶來新的活力。新方法的使用，使新員工有了成功的經歷，這有助於新員工樹立工作的信心，對企業產生認同感，也讓新員工的同事對其工作能力抱有信心。

第 4 步：提供交往的機會

定位方案應確保新員工的個性、價值觀等整個融入到企業文化中，並有助於新員工在新的工作環境中建立可以支援他們不斷成功的職業關係。這需要交往，需要團隊合作。

誰該為新員工舉辦一些有組織的午餐會、晚餐會或其它類似活動呢？

通常，部門領導應責無旁貸地組織這類社交活動，為新員工與老員工發展個人關係、職業關係提供交流場合。

現在，不少公司通過組織舞會，組織體育比賽等活動，一方面豐富公司文化內涵，另一方面擴大公司成員交往範圍。

同時豐富多彩的公司社交活動，增加了公司的吸引力，也十分有助於確立新員工的認同感。

第 5 步：重視並堅持持續交流

通常，重視內部交流的公司易於留住員工，有一家公司每年都要搞一次內部調查（調查物件包括新員工以及後勤人員），給員工一個說話的機會，調查結果讓公司所有人分享。這家公司領導通過雙向回饋程式來評估調查結果，借此凝聚力量，得到富有建設性的意見。該

公司領導認為，調查的真正價值在於常年堅持，在於從調查中產生出好的建議，在於使全體成員監督公司不斷進步。

如果一家公司有一位富有感染力的充滿激情的領導者，那麼這家公司將是充滿希望的。

一位中西部的公司領導，每週一給公司每一位員工發一封早安的聲音電子郵件，同時介紹新員工，宣佈特殊的成就，客戶狀況及發展情況。電子郵件和內部消息對新員工來說是公司文化薰陶，對老員工則是很好的清新劑。

總之，如果你相信公司的效益要靠人才和技能，那麼確立新員工的認同感並使之紮根於企業就是一條很有效的人力資源戰略。對企業領導來說，吸收優秀人才，幫他們成功，花一點時間讓他們融入組織並成為其中一員，是十分明智的。

7. 戴爾公司：招聘≠補缺

公司或企業招募人才不應該只是為了填補空缺，所以只看應聘者的才能是不夠的，必須要根據應聘者成長與發展的潛力來決定。

在這方面，戴爾公司的做法很值得效仿。戴爾總是要求下屬慎重地面試新人，雇用適當的人選來填補剛空出來的職位。聘用的人除了必須適任現職，也要能應付成長所帶來的新任務。戴爾公司在招募人員時，會考慮到長期的發展。

戴爾公司不再只是把他們帶進公司做一份差事，而是邀請他們參與公司的成長。如果雙方速配成功，隨著戴爾公司進行細化，或調整各營運專案在公司所占的重心，他們的工作將可能會屢有變動。招募的人員如果有足以超越當前職位的潛力，公司便具有了可以保持組織建設的額外的能力。這對公司的成長或迎接新的挑戰來講，具有特殊的作用。

在戴爾公司有一條規矩，所有人都必須尋找並發展自己的接班人，這是工作的一部分；這不只是在準備移調到新工作時才必須做的事，而是工作績效中永續的一環。

該如何在今日的應聘者當中，找到確實可以成為明日領導者的人才呢？戴爾公司找的是具備學習者的質疑本質、並且隨時願意學習新事物的人。因為在戴爾公司成功的要素中，很重要的一環即是挑戰傳統智慧，所以戴爾公司徵求具有開放態度和善於思考的人；戴爾公司也希望找到經驗與智慧均衡發展、在創新過程中不怕犯錯的人，以及視變化為常態並且熱衷於從不同角度看待問題和情況，進而提出極具新意的解決辦法的人。

在戴爾公司發展初期，曾有一位記者問戴爾：「您認為哪一個競爭對手是戴爾電腦公司最大的威脅？」戴爾回答說：「戴爾公司最大的威脅並不來自任何競爭對手。戴爾公司的威脅來自於自己的員工。」

隨著戴爾公司的日漸壯大、基礎架構的日趨複雜，戴爾認為，要建立或維持一個健康的、有競爭力的企業文化，最簡單也是最好的方法，就是通過目標同一，策略一致，與公司員工成為並肩作戰的夥伴。能不能找到適當人才並聘用之，足以決定一家公司的成敗。不管公司處在事業週期的哪個階段，都應該最優先考慮引進合適而優秀的人才。

長期以來，戴爾公司已發展出有如鐳射對焦般地精確的策略，並且殫精竭慮，不斷與戴爾公司全球的組織充分溝通。戴爾公司根據公司完成目標的程度，將之與戴爾公司為顧客和股東所創造出的價值直接結合，建立起成功基準。戴爾公司也盡力明確傳達目標。在戴爾公司成長的人，都能以結果為導向，向戴爾負責，並且效力於領導。戴爾公司讓他們有權力把營運導向某特定的方向，並提供他們為達到目標所需的工具和資源。

在戴爾公司，無論是新進人員，還是負責經營最大事業部的管理階層，都必須完全與公司的哲學和目標一致。如果這個人可以認同公司的價值觀和信念，也瞭解公司目前的營運和努力的方向，那麼他不但會努力達到眼前目標，也會對組織的更大目標有所貢獻。

然而，這並不是說戴爾公司只尋找「適當」的人選或人格特質，也不是要變成「一言堂」，戴爾公司的人員若是缺乏想像力和創新的能力，公司也不可能像今天這樣。

對於企業或公司的發展來說，不論事情大小，各階層的員工都要採用有助於推動公司發展策略，達到超越他們自身責任範圍的目標，前提是公司必須真誠地投注於員工的長期成長與發展。所以，公司必

才富
21 世紀最貴的資產是人才

須搶先在競賽開始之前，就招聘適合公司文化和發展的人。

國家圖書館出版品預行編目（CIP）資料

才富：21 世紀最貴的資產是人才 / 喬有乾 著 . -- 第一版 .
-- 臺北市：崧燁文化 , 2020.07
　　面；　公分
POD 版

ISBN 978-986-516-420-1(平裝)

1. 企業領導 2. 人才

494.3　　　　　　　　　　　　　109010453

書　　名：才富：21 世紀最貴的資產是人才
作　　者：喬有乾 著
發 行 人：黃振庭
出 版 者：崧燁文化事業有限公司
發 行 者：崧燁文化事業有限公司
E - m a i l：sonbookservice@gmail.com
粉 絲 頁：　　　　　網　址：
地　　址：台北市中正區重慶南路一段六十一號八樓 815 室
8F.-815, No.61, Sec. 1, Chongqing S. Rd., Zhongzheng
Dist., Taipei City 100, Taiwan (R.O.C.)
電　　話：(02)2370-3310 傳　真：(02) 2388-1990
總 經 銷：紅螞蟻圖書有限公司
地　　址: 台北市內湖區舊宗路二段 121 巷 19 號
電　　話:02-2795-3656 傳真:02-2795-4100　　網址：
印　　刷：京峯彩色印刷有限公司（京峰數位）

定　　價：320 元
發行日期：2020 年 07 月第一版
◎ 本書以 POD 印製發行